安全管理实用丛书 ●

制造业安全
管理必读

杨 剑　胡俊睿　等编著

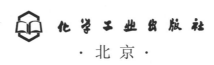

化学工业出版社

·北京·

本书是介绍制造业安全管理的专著，内容包括安全管理方针、目标、职责，安全教育与培训，机械设备使用安全管理，电气作业安全管理，危险作业安全技术与管理，现场目视安全管理，企业消防安全管理，安全生产事故防范，企业生产安全检查，共 9 章，系统地介绍了有关制造业安全管理的职责、方法和技巧。

本书主要特色是内容系统、全面、实用，实操性强。书中各章节配备了大量的图片和管理表格，其流程图和管理表格可以直接运用于具体实际工作中。

本书是制造业进行内部安全培训和制造行业从业人员自我提升能力的常备读物，也可作为大专院校安全相关专业的教材。

图书在版编目（CIP）数据

制造业安全管理必读/杨剑等编著．—北京：化学工业
出版社，2018.9
（安全管理实用丛书）
ISBN 978-7-122-32578-5

Ⅰ.①制…　Ⅱ.①杨…　Ⅲ.①制造工业-安全生产-
生产管理　Ⅳ.①X931

中国版本图书馆 CIP 数据核字（2018）第 152137 号

责任编辑：王昕讲　　　　　　　　　装帧设计：王晓宇
责任校对：王　静

出版发行：化学工业出版社（北京市东城区青年湖南街 13 号　邮政编码 100011）
印　　刷：北京京华铭诚工贸有限公司
装　　订：三河市瞰发装订厂
710mm×1000mm　1/16　印张 14½　字数 294 千字　2018 年 9 月北京第 1 版第 1 次印刷

购书咨询：010-64518888(传真：010-64519686)　　售后服务：010-64518899
网　　址：http://www.cip.com.cn
凡购买本书，如有缺损质量问题，本社销售中心负责调换。

定　　价：49.00 元　　　　　　　　　　　　　　　　版权所有　违者必究

前言
FOREWORD

2009 年 6 月 27 日，上海市闵行区一幢 13 层在建商品楼倒塌；2013 年 11 月 22 日，山东青岛市发生震惊全国的"11·22"中石化东黄输油管道泄漏爆炸特别重大事故；2015 年天津市滨海新区"8·12"爆炸事故；2017 年 6 月 5 日山东临沂液化气罐车爆炸事故……这些事故触目惊心，历历在目！这些事故造成了大量的经济损失和人员伤亡。

由于当前我国安全生产的形势十分严峻，党中央把安全生产摆在与资源、环境同等重要的地位，提出了安全发展、节约发展、清洁发展，实现可持续发展的战略目标，把安全发展作为一个重要理念，纳入到社会主义现代化建设的总体战略中。当前，我国安监工作面临着压力大、难度高、责任重的挑战，已经成为各级政府、安监部门、企业亟待解决的重要问题。

安全生产是一个系统工程，是一项需要长期坚持解决的课题，涉及的范围非常广，涉及的领域也比较多，跨度比较大。为了提升广大员工的安全意识，提高企业安全管理的水平，为了减少安全事故的发生，更为了减少人民生命的伤亡和企业财产的损失，我们结合中国的实际情况，策划编写了"安全管理实用丛书"。

任何行业、任何领域都需要进行安全管理，当前安全问题比较突出的是，建筑业、物业、酒店、商场超市、制造业、采矿业、石油化工业、电力系统、物流运输业等行业、领域。为此，本丛书将首先出版《建筑业安全管理必读》《物业安全管理必读》《酒店安全管理必读》《商场超市经营与安全管理必读》《制造业安全管理必读》《矿山安全管理必读》《石油与化工安全管理必读》《电力系统安全管理必读》《交通运输业安全管理必读》《电气设备安全管理必读》《企业安全管理体系的建立（标准·方法·流程·案例）》11 种图书，以后还将根据情况陆续推出其他图书。

本丛书的主要特色是内容系统、全面、实用，实操性强，不讲大道理，少讲理论，多讲实操性的内容。同时，书中将配备大量的图片和管理表格，许多流程图和管理表格都可以直接运用于实际工作中。

为了提高制造类企业管理及从业人员的安全素质和能力，我们编写了这本《制造业安全管理必读》，该书将从实际操作与管理的角度出发，对企业安全管理基础、教育培训、机械设备使用、电气作业、危险作业、消防安全、生产事故防范与安全检查等有关制造企业安全管理的方法和技巧进行全面介绍。该书共分 9 章，内容主要包括安全管理方针、目标、职责，安全教育与培训，机械设备使用安全管理，电气作业安全管理，危险作业安全技术与管理，现场目视安全管理，企业消防安全管理，安全生产事故防范，以及企业生产安全检查。

如果想提升企业安全管理水平，就需要在预防上下工夫，强化企业安全管理的教育培训，提高个人和公司整体的安全专业素质，为实现"中国制造2025"战略目标打下良好的基础。本书是制造类企业进行内部安全培训和制造行业从业人员自我提升能力的常备读物，也可作为大专院校安全相关专业的教材。

本书主要由杨剑、胡俊睿编著，在编写过程中，水藏玺、吴平新、刘志坚、王波、赵晓东、蒋春艳、胡俊睿、黄英、贺小电、张艳旗、金晓岚、戴美亚、杨丽梅、许艳红、布阿吉尔尼沙·艾山、邱昌辉等同志也参与了部分编写工作，在此表示衷心的感谢！

衷心希望本书的出版，能真正提升制造企业管理人员的安全意识和服务水平，成为制造行业从业人员职业培训的必读书籍。如果您在阅读中有什么问题或心得体会，欢迎与我们联系，以便本书得以进一步修改、完善，联系邮箱是：hhhyyy2004888@163.com。

编著者
2018 年 7 月

目录
CONTENTS

第七章　企业消防安全管理

第八章　安全生产事故防范

第九章　企业生产安全检查

参考文献

第一章
安全管理方针、目标、职责

Сhapter 01

第一节　安全管理方针

一、安全与安全管理

（一）安全的概念

安全是在生产过程中，将系统的运行状态对人类的生命、财产、环境可能产生的损害控制在能接受水平以下的状态。

"安"与"危"是一个相对概念，《易·系辞下》有云："是故君子安而不忘危，存而不忘亡，治而不忘乱，是以身安而国家可保也。"

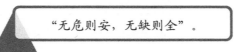

"无危则安，无缺则全"。

1. 安全与危险并存

安全与危险在同一事物的运动中是相互对立的，相互依赖的。因为有危险，才要进行安全管理。安全与危险并非是等量并存、平静相处。随着事物的运动变化，安全与危险每时每刻都此消彼长地变化着，在事物的运动中，不存在绝对的安全或危险。

2. 安全与生产的统一

生产是人类社会存在和发展的基础，生产与安全二者既对立又统一。如果生产中人、物、环境都处于危险状态，则生产无法顺利进行，因此，安全是生产顺利进行的客观要求。反之，当生产完全停止，安全也就失去意义。生产有了安全保障，才能持续、稳定发展。生产活动中事故层出不穷，生产势必陷于混乱，甚至瘫痪状态。当生产与安全发生矛盾，危及员工生命或国家财产安全时，生产活动应立即停下来整治，待消除了危险因素，生产形势变好了以后，再进行生产活动。

3. 安全与质量的内涵

从广义上看，质量包含安全工作质量，安全概念中也内含着质量，二者交互作用，互为因果。安全第一，质量第一，两个第一并不矛盾。"安全第一"是从保护生产的角度提出的，而质量第一则是从关心产品成果的角度而强调的。安全为质量服务，质量需要安全保证。生产过程中无论丢掉了安全还是质量，都要陷于失控状态。

4. 安全与速度互保

生产中蛮干、乱干，在侥幸中只求快，缺乏真实与可靠性，一旦酿成不幸，非但不能加快速度，反而会延误工期。速度应以安全为保障，我们应当追求安全加速度，竭力避免安全减速度。

安全与速度成正比例关系。一味强调速度，置安全于不顾的做法，是极其有害的。当速度与安全发生矛盾时，暂时减缓速度，保证安全才是正确的做法。

5. 安全与效益的兼顾

安全技术措施的实施，将会改善劳动条件，调动员工的积极性，焕发劳动热情，带来经济效益，使投入获得更丰厚的产出回报。从这个意义上说，安全与效益完全是一致的，安全促进了效益的增长。

在安全管理中，投入要适度、适当，精打细算，统筹安排，既要保证安全生产，又要经济合理，还要考虑力所能及。单纯为了省钱而忽视安全生产，或单纯不惜资金地盲目追求高标准，都是不可取的。

（二）安全生产

安全生产是指企业在生产过程中的人身安全、设备和产品安全，以及交通运输安全等，是指采取一系列措施使生产过程在符合规定的物质条件和工作秩序下进行，有效消除或控制危险和有害因素，确保无人身伤亡和财产损失等生产事故发生，从而保障人员安全与健康，设备和设施免受损坏，环境免遭破坏，使生产经营活动得以顺利进行的一种状态。

安全生产是安全与生产的统一，其宗旨是安全促进生产，生产必须安全。搞好安全工作，改善劳动条件，可以调动员工的生产积极性；减少员工伤亡，可以减少劳动力的损失；减少财产损失，可以增加企业效益，促进生产发展。我们强调生产必须安全，是因为安全是生产的前提条件，没有安全就无法生产。

（1）保护员工的生命安全和职业健康，是安全生产最根本、最深刻的内涵，是安全生产的核心。它充分揭示了安全生产以人为本的导向性和目的性。

（2）安全生产强调的是最大限度的保护。所谓最大限度的保护，是指在现实经济社会所能提供的客观条件的基础上，尽最大的努力，采取加强安全生产的一切措施，保护员工的生命安全和职业健康。

（3）安全生产强调在生产过程中的保护。生产过程是员工进行劳动生产的主要时空，因而也是保护其生命安全和职业健康的主要时空。安全生产应以人为本，具体体现在生产过程中的以人为本。同时，它还从深层次地揭示了安全与生产的关系。在员工的生命和职业健康面前，生产过程应该是安全地进行生产的过程，安全是生产的前提，安全又贯穿于生产过程的始终。当二者发生矛盾时，生产必须服从于安全，当然是安全第一。这种服从，是一种铁律，是对员工生命和健康的尊重，是对生产力最主要、最活跃因素的尊重。如果不服从、不尊重，生产也将被迫中断。

（4）安全生产是一定历史条件下的保护。一定的历史条件，主要是指特定历史时期的社会生产力发展水平和社会文明程度。强调一定历史条件的现实意义如下。

① 有助于加强安全生产工作的现实紧迫性。我国是一个正处于工业化发展的大国，经济持续快速发展与安全生产基础薄弱形成了比较突出的矛盾，处在事故的"易发期"，发生事故甚至重特大事故的概率很大，所以做好这一历史阶段的安全生产工作，任务艰巨。

② 有助于明确安全生产的重点行业取向。由于社会生产力发展不平衡，科学技术应用的不平衡，行业自身特点的特殊性，在一定的历史发展阶段必然形成重点的安全生产行业、企业。工作在高危行业的员工，其生命安全和职业健康更应受到重点保护，更应加大这些行业安全生产工作的力度，遏制重特大事故的发生。

③ 有助于处理好一定历史条件下保护与最大限度保护的关系。最大限度保护指的是一定历史条件下的最大限度，受一定历史发展阶段的文化、体制、法制、政策、科技、经济实力、劳动者素质等条件的制约，搞好安全生产离不开这些条件。

因此，立足现实条件，充分利用和发挥现实条件，加强安全生产工作，是企业安全管理的当务之急。

（三）安全管理

安全管理是管理科学的一个重要分支，它是为实现安全目标而进行的有关决策、计划、组织和控制等方面的活动，主要是运用现代安全管理原理、方法和手段，分析和研究各种不安全因素，从技术上、组织上和管理上采取有力的措施，解决和消除各种不安全因素，防止事故的发生。

企业要加强安全管理，搞好安全生产，特别是日常安全生产管理。日常安全生产管理的好坏，不但影响安全生产，而且影响到整个企业的安全状况。要做好基层安全生产管理，应注意以下问题。

1. 强化班组人员的安全意识

班组人员要在思想上牢固树立"安全第一"的意识，在行动上要严格落实岗位安全责任。

（1）明确企业安全工作理念。树立违章就是事故、安全工作需要小题大做、危机型安全管理等理念。

（2）不定期开展安全教育，做好安全知识学习及安全常识的普及宣传工作。

（3）经常性开展事故反思及剖析活动，时刻提高员工的安全意识。

（4）对班组长等各管理层面进行安全培训，做好安全资质考核等各项工作。

（5）普及安全生产法等法律知识，不定期开展多种形式的安全活动。

（6）落实安全生产"四不伤害"，树立安全绝对优先的工作理念。

（7）班组安全建设应执行安全提醒制、安全信息确认制、安全互保制和隐患查摆激励约束制等规章制度，防止人为失误引发伤害事故。

（8）通过开展安全思想政治工作，经常性地与员工进行有效的沟通与交流，营造良好的安全工作环境及工作氛围，使员工自觉主动地想安全工作之所想、急安全工作之所急，使作业环境处于相对安全的状态。

2. 注重施工现场的安全管理

（1）严格执行《安全规程》《工作票、操作票实施细则》的规定，施工前应做好现场勘察工作，按规定开好工作票，一定要措施完备，做好许可手续，并且对工作班组成员做好安全交底的情况下才能开始工作。

（2）施工作业要有标准化作业指导书，对每一项作业按照全过程控制的要求，在作业计划、准备、实施、总结等各个环节，明确具体操作的方法、步骤、措施、标准和人员责任，以及依据工作流程组合成的指导现场工作的标准性文件，做到安全控制、质量控制、人员规范、提高效率。

（3）工作前和工作中都要做好作业安全风险辨识和控制。

（4）作业中要严格遵守员工行为禁令如下：

- 严禁无票操作、无票工作；
- 严禁停电作业不验电，不挂接地线；
- 严禁未核对安全措施许可工作；
- 严禁未进行安全交底即开工；
- 严禁擅自扩大工作票范围或变更安全措施；
- 严禁在无人监护下操作或工作；
- 严禁电气作业现场使用金属梯；
- 严禁约时停送电；
- 严禁高处作业不系安全带；
- 严禁未核定负载即进行起重作业。

除此之外，还应及时纠正施工中的违章作业，比如有挂接地线但是没挂好，或者没有严格按照工作票所填写的内容挂好接地线等。

3. 制定事故应急处理预案和快速反应机制

严格遵守安全第一、预防为主的基本方针，认真做好班组日常安全生产管理。"预防为主"，即超前做好预防工作，发现问题、采取措施、消除隐患，避免事故发生。事先制定好事故应急处理预案和快速反应机制，并且定期举行事故预演。在制定事故应急处理预案和快速反应机制时，可以把问题设想得复杂一些，后果设想得严重一些，措施考虑得周全一些，真正碰到事故时就可以从容地处理，快速采取措施，处理事故，减少企业的损失和人员的伤亡。

4. 班组长以身作则，做好表率作用

班组长是"兵头将尾"，身为班组长对班组安全有不可推卸的责任，要做好班组安全管理，班组长首先要严于律己，以身作则，要做好以下几点。

（1）认真贯彻执行国家和上级安全生产方针、政策、法律、法规、规定、制度和标准，积极配合完成公司安全生产领导小组布置的安全生产各项工作任务。

（2）组织员工学习、贯彻执行企业、车间各项安全生产规章制度和安全操作规程，教育员工遵章守纪，制止违章行为。

（3）组织参加安全日活动，坚持班前讲安全，班中检查安全，班后总结安全。

（4）负责组织安全检查，发现不安全因素及时组织力量加以处理，并报告上级，发生事故立即报告，并组织抢救，保护好现场，做好详细记录，参加和协助事故调查、分析，落实防范措施。

（5）搞好安全消防措施、设备的检查维护工作，使其经常保持完好和正常运行，督促和教育员工合理使用劳动保护用品，正确使用各种防护器材。

（6）搞好"安全月"、"安全周"活动和班组安全生产竞赛，表彰先进，推广经验。

二、什么是安全管理方针

安全管理方针是企业安全生产工作的目标和工作原则。从我国安全生产方针的演变，可以看到我国安全生产工作不同时期的不同目标和工作原则。

1949—1983 年的安全生产方针是："生产必须安全、安全为了生产"。

1984—2004 年的安全生产方针是："安全第一，预防为主"。

2005—2014 年的安全生产方针是："安全第一、预防为主、综合治理"。

2014 年至今安全生产方针是：

> "以人为本，坚持安全发展，坚持安全第一、预防为主、综合治理"。

三、怎么贯彻安全管理方针

安全管理基本方针的实质是预防。中国古代劳动人民在与灾害作斗争的实践中，提出了"防患于未然""凡事预则立，不预则废"。生产实践也告诉我们，安全生产从来都"重在预防"。事前把工作做得周全一些，事前有所准备，变被动为主动，变事后处理为事前预防，才能把事故消灭在萌芽状态。因此，贯彻安全管理基本方针，必须牢固树立"安全生产、重在预防"的思想，为此，应解决好以下四个问题。

（1）在计划、组织、指挥、协调生产的时候，应该把安全作为一个前提条件考虑进去，落实安全生产的各项措施，保证员工的安全和健康，保证生产长期、安全地进行。当生产与安全发生矛盾时，生产必须服从安全。对各级领导来说，应当辩证地处理好生产与安全的关系，牢记保护员工的安全和健康是一项严肃的政治任务，是全体管理者的神圣职责。对广大员工来说，应该自觉地执行安全生产的各项规章制度，从事任何工作都应首先考虑可能存在的危险因素，采取周密的预防事故发生和避免人身伤害或影响生产正常进行的安全措施。

（2）贯彻"管生产必须同时管安全"的原则，也就是通常讲的"谁主管谁负责，谁工作谁负责"的原则。安全生产应该渗透到生产管理的各个环节。企业的各级管理人员，特别是企业的领导要抓好安全工作，在组织和指挥生产时，必须做到生产和安全的"五同时"，即在计划、布置、检查、总结、评比生产的同时，要计划、布置、检查、总结、评比安全工作。贯彻安全管理基本方针，领导是主导，是关键。各级生产组织者和指挥人员，在工作开始前，有充分的时间和精力，完全能够而且应当为生产设计出双层或多层的"保险"，使操作工人不出现或少出现失误，即便出现失误也不致发生事故或造成大的危害。另外，领导人员管理失误或违背科学，造成的危害往往比较严重，损失也比较大，因此必须重视领导人员在贯彻安全管理基本方针中的特殊重要作用，杜绝违章指挥。

（3）抓安全生产的基础工作，不断提高员工识别、判断、预防和处理事故的本领。例如开展各种形式的安全教育，进行定期的安全技术考核；组织定期和不定期的安全检查，及时发现和消除不安全因素；完善各种检测手段，坚持检测工作，掌握设备和环境变化的情况，做到心中有数；分析以往发生的各类事故，从中摸索发生事故的原因及其规律，采取预防事故重复发生的措施；建立安全环保健康管理体系，及时识别身边和工作环境中存在的各种危害和危险因素，并采取可靠的预防措施。

（4）积极开展安全生产的科学研究工作，对运行中的生产装置、生产工艺存在的安全问题，要组织力量攻关，及时消除隐患；在试验研究新材料、新设备、新技术、新工艺时，要相应地研究和解决有关安全、卫生方面的问题，并研制各种新型的、可靠性大的安全防护装置，提高生产装置本身的安全化水平。

第二节　安全管理目标

一、安全生产目标的内容

只有设定科学的安全生产目标，企业全体员工积极参与企业的安全生产，自上而下地确定每一名员工的工作目标，才能够保证企业安全生产工作目标的顺利实现。

一般来说，安全生产目标包括以下几个方面的内容。

1. 工伤事故的次数和死亡人数指标

这是指各企业根据前生产类型和规模因素，确定出各类工伤事故发生的次数和伤亡人数。工伤事故指标是安全生产目标管理中重要的一项内容，是企业安全工作做得好坏的标志。

2. 工伤事故的经济损失

工伤事故的经济损失包括以下几方面：

① 工伤的治疗费用；

② 配制义肢、假发、假牙等费用；

③ 需要到外地治疗的费用，包括床位费、治疗费用、路费、住宿费、伙食补助等；

④ 死亡抚恤金；

⑤ 休工工时的损失、停工工时的损失；

⑥ 设备、工具等物资的损失；

⑦ 其他费用，如轮椅、交通事故赔偿费等。

3. 日常安全管理工作的数据指标

企业应将日常安全工作，如安全教育、安全评比、不安全因素的检查和整改等转化为数据指标。具体操作方法是：可以将这类工作按其重要性和管理的难易程度，人为地设定一个衡量指标，并按这些指标进行管理。

4. 企业安全部门的费用指标

企业安全部门的费用包括防护用品费、安全技术措施费和清凉饮料费等。这些费用虽然不是目标管理的主要指标，但它们与企业经济效益有关，因此也必须定出指标，且不得超越适当的范围。

二、安全生产目标的制定步骤

1. 对企业安全状况进行调查、分析和评价

企业需要应用系统性安全分析的原理与危险性评价的方法，对企业的安全状况进行系统、全面的调查、分析和评价，应重点掌握以下内容：

① 企业的生产、技术状况；

② 由于企业发展、改革所带来的新情况、新问题；

③ 技术装备的安全程度；

④ 人员的素质水平；

⑤ 主要的危险因素及危险程度；

⑥ 安全管理的薄弱环节；

⑦ 曾经发生过的重大事故，以及对事故的原因分析和统计分析；

⑧ 历年有关安全生产目标指标的统计数据。

2. 确定需要重点控制的对象

（1）人员。主要指心理、生理素质较差，容易产生不安全行为而造成危险的人员。

（2）作业场所。主要包括以下两方面：

① 现实危险源，即可能发生事故，或可能造成人员重大伤亡、造成设备系统重大损失的生产现场；

② 危害点，即尘、毒、噪声等物理化学有害因素严重，容易产生职业病和恶性中毒的场所。

（3）具体作业。主要体现为危险作业和对本人、他人及周围设施的安全有重大危害的作业，例如，高温作业等。

（4）容易出现安全隐患的设备。主要是指一些零部件老化、缺乏保养、脏污严重的设备。

3. 制定目标

经过以上步骤之后，可以为确定的对象制定目标，例如，经过调查分析，统计企业每年因工受伤的人数，造成受伤的主要原因是作业场所中危险源较多，就应将控制危险源作为主要目标，并为其设定指标，如减少危险源的数量等。

企业在制定目标时，应当注意以下事项。

（1）结合企业实际情况，制定的目标不能违背现实状况。

（2）应考虑实现目标的成本，并提前做好预算。

（3）确保目标与企业的总体经营方针、品质方针、目标等相协调。

请注意：

> 制定安全生产目标，对企业的现状进行分析，并对重点环节制定针对性措施，从而有效解决问题。

三、安全生产目标的实施

制定好安全生产目标之后，企业应组织做好具体的实施工作。

1. 安全生产目标的实施重点工作

（1）分解安全生产目标。制定企业的安全生产目标是整体规划，还应该明确分工，将总目标分解落实到各部门、科室、车间、班组和个人，使每个组织、每名员工都清楚地知道自己的目标，明确自己的责任。企业可以制定安全生产目标责任制，即企业与员工签订《安全生产目标责任书》。

（2）努力获得对安全生产目标的认同。企业在实施安全生产目标时，必须采取广泛参与的管理方式，召开会议，让每名员工各抒己见，在广泛听取员工意见的基础上，实施和改进企业的安全生产目标。

2. 实施安全生产目标

（1）主动自我管理。自我管理，即企业从上到下的各级领导、各级组织，直到每名员工都应该充分发挥自己的主观能动性和创新精神，独立地开展活动，抓紧落实，实现自己的目标。

（2）监督检查

① 实行必要的监督和检查，通过监督检查，对目标实施中好的典型事例要予以表扬和宣传，对不好的典型事例予以批评。

② 对偏离既定目标的情况要及时指出和纠正，对目标实施中遇到的困难要采取措施予以解决。

（3）整改不安全因素。根据安全主管部门下达的整改计划，规定其完成率不得低于90%。安全主管部门每月应多次组织违章检查，每次检查车间的违章率应为0。

（4）做好上下沟通。建立健全信息管理系统，使上情能及时下达、下情能及时反馈，从而使上级能及时有效地对下属进行指导和控制，也便于下属能及时掌握不断变化的情况，第一时间作出判断并采取对策，实现自我管理和自我控制。

（5）安全评比。如每月组织安全评比活动，评出安全优胜车间、班组。

3. 提高安全生产目标执行的有效性

企业可以采取以下措施提高安全生产目标执行的有效性。

（1）高层管理者参与、主抓。企业高层管理者必须亲身参与，并对安全生产目标管理给予承诺。同时，必须将自己对安全生产目标管理的兴趣及承诺告知全体员工。

（2）加强教育和培训。企业应加强对全体员工进行有关安全生产目标管理的教育和培训，使员工们都能正确理解安全生产目标管理的精髓。对于这种安全生产目标管理的教育和培训，要定期化、制度化，务必使员工适应这种制度的实施，加强对这一制度的了解与认识，具体可以采取以下措施：

① 每月由车间管理人员向本车间全体员工进行一次综合安全教育，时间不得少于1小时；

② 每周由班组长向班组员工进行一次安全教育，时间不得少于30分钟；

③ 应有专门的安全宣传场所，每月应更换两次宣传内容。

（3）及时调整目标。在目标执行过程中外界环境可能出现变化，企业需要及时调整目标。

① 目标之间是彼此相互依存、互相影响的，假如某一部门改变目标，势必对其他部门造成影响；一个人的目标改变会使很多人的目标也随之改变，这样容易破坏企业的目标体系。

② 目标不能频繁变更，否则就失去了它本身的意义，而且会影响以后目标的设定。

（4）加强协商与沟通。协商是有效推行安全生产目标管理的关键，在上下级对目标执行情况进行共同协商之时，应该由员工先发表意见，这样，既能使员工的努力获得认可，又能增强其参与感。

（5）建立目标记录的统一格式

① 为减轻行政工作负担，个人或部门目标的记录应使用企业统一设计的目标记录文件，而每个月（每周期）的执行记录，也应填写统一的标准文书表格。

② 为了适应各种不同情况，要对目标执行状况加以督导。例如，可制定一个目标控制图，以便连续记录执行的状况，并能方便地看出该目标执行的情况，从而进行有效的控制。

③ 可以设置载明一定时间的备查卷宗，将该目标记录放置其内。当该时期快结束时，对该项目标的进行情况可自动地进行查核并记录。

四、安全生产目标的追踪

企业必须对安全生产目标的实施进行追踪，并做好评估工作，以评价安全生产目标是否合适。

1. 安全生产目标的追踪形式

（1）追踪单。确定目标追踪单计分指标，包括的栏目有：目标项目、重要性百分比、目标达成率、评估得分、自我考评及建设处理情形栏，这可以通过使用目标追踪单来实现，见表1-1。

表 1-1　目标追踪单

目标项目		重要性权重	
目标达成率		评估得分	
自我考评： 执行人：　　　　　　　　日期：			
处理建议： 主管：　　　　　　　　日期：			

注：目标达成率，即实际数值与预定数值的百分比。

（2）追踪卡

① 各部门均需按月填写目标追踪卡，并把实际执行情况与目标作比较。

② 填写完目标追踪卡，经上级主管签章后送至追踪部门。

③ 在开会时，首先追踪未结案的重点管制事项，并将上次开会决议事项与交办事项进行宣读。

④ 检查各部门的目标追踪卡，并进行比较。若发现差异，则要作出分析，并拟定改善措施。

⑤ 报告上次会议决议事项或交办事项的执行情况，以及其他事项的执行情况。

⑥ 若有某项目标未达成，则应在检讨中做特别说明。

⑦ 提出的咨询，各部门无法答复或答复得不到上级满意，而上级主管又认为该咨询事项重要时，可将该事项列入交办事项。在研讨会或其他任何会议上，若产生某项决定，而该项决定必须由各部门执行时，应以"交办事项追踪管制办法"进行追踪管制。

请注意：

企业应制定明确的标准进行有效的追踪，追踪工作必须由不同部门之间相互进行，不能由自己部门对自己部门进行追踪，以避免作弊。

2. 安全评估

（1）评估的内容

① 目标达成率。即本企业所属各部门区分年度目标数值与实际达成数值的比值，通常以百分比表示。

② 作业绩效。评价企业所属各部门，在全年度推行安全生产目标管理的"计划"、"执行"与"考评"三个阶段中是否依照规定作业，并根据作业绩效进行评分。

③ 结果满意度。安全生产目标执行结果是否达到了预期目的；管理者是否通过安全生产目标管理实现了既定的目标；目标执行者是否通过执行目标，更深刻地理解了目标管理的意义，提高了自己的工作水平。

（2）评估目标达成过程

① 目标执行活动

a. 在安全生产目标管理的开展过程中，企业各个部门和执行人员是否积极配合目标执行活动，是否存在态度消极和故意阻碍活动开展的现象。

b. 当目标达成环境发生变化时，各个执行部门和人员是否能及时反馈，并作出适当的调整。

② 目标执行进度。企业要评估目标执行的进度与预期计划的差距，分析造成这种差距的原因。

（3）评估目标执行者

① 评估工作能力。企业要评估各级目标执行者是否按计划、有效地开展工作，能否根据环境的变化及时作出调整。

② 评估处事方法。由于目标执行活动涉及多个部门和不同的员工，它们之间必然会产生种种关系。目标执行者能否协调好这些关系使目标执行工作顺利开展，也是企业应该评估的内容。

（4）做好评估记录。对于目标实施的评估结果，各部门及员工应该做好记录以备核查。安全管理评估表见表1-2，企业可根据实际情况进行调整。

表1-2　安全管理评估表

目标项目	内容与要求	考核标准	标准分	扣分情况	实得分
安全教育					
组织安全生产检查,消除事故隐患					
工业卫生					

目标项目	内容与要求	考核标准	标准分	扣分情况	实得分
劳动保护措施					
工伤事故调查、分析与处理					
组织开展安全性评价					
环境保护					
其他					
合　计					

第三节　安全管理职责

一、企业生产主体安全职责

1. 企业安全生产主体责任的内涵

企业是生产经营活动的主体，是安全生产工作责任的直接承担主体。企业安全生产主体责任，是指企业依照法律、法规规定，应当履行的安全生产法定职责和义务。企业承担安全生产主体责任是指企业在生产经营活动全过程中必须履行相关义务，承担相关责任，接受未尽责的追究。

2. 企业安全生产主体责任的内容

（1）物质保障责任。包括具备安全生产条件；依法履行建设项目安全设施"三同时"的规定；依法为从业人员提供劳动防护用品，并监督、教育其正确佩戴和使用。

（2）资金投入责任。包括按规定提取和使用安全生产费用，确保资金投入满足安全生产的需要；按规定存储安全生产风险抵押金；依法为从业人员缴纳工伤保险费；保证安全生产教育培训的资金。

（3）机构设置和人员配备责任。包括依法设置安全生产管理机构，配备安全生产管理人员；按规定委托和聘用注册安全工程师或者注册安全助理工程师，为其提供安全管理服务。

（4）规章制度制定责任。包括建立健全安全生产责任制和各项规章制度、操作规程。

（5）教育培训责任。包括依法组织从业人员参加安全生产教育培训，取得相关上岗资格证书。

（6）安全管理责任。包括依法加强安全生产管理；定期组织开展安全检查；依法取得安全生产许可；依法对重大危险源实施监控；及时消除事故隐患；开展安全生产宣传教育；统一协调管理承包、承租单位的安全生产工作。

（7）事故报告和应急救援的责任。包括按规定报告生产安全事故；及时开展事故抢险救援；妥善处理事故善后工作。

（8）法律、法规、规章规定的其他安全生产责任。

二、企业法人安全职责

（1）企业法人是安全生产的第一责任人，对安全生产负总的责任。负责贯彻执行党和国家有关安全生产的方针政策、法规、规程和规范，主持编制公司生产、财务计划的同时，制定安全技术措施。有步骤地改善劳动条件，杜绝重大事故的发生，消防事故隐患，消除粉尘毒害，负责督促安全措施、计划的落实。

（2）督促所属单位贯彻执行安全生产责任的各种安全。对各级干部和有关人员，每年进行一至二次安全生产政策、法规教育。

（3）在发生重大伤亡事故时，要亲自组织有关人员，按照"四不放过"的原则，调查分析，找出原因，查明责任，提出处理意见。

（4）每年至少召开两次安全生产工作会议，总结经验教训，表彰先进，分析事故规律，制定防范措施，研究解决安全生产中的问题。

（5）注重对安全生产的投入，随时协调和组织安全生产工作，处理好安全生产与经营活动的关系。

三、企业总工安全职责

（1）贯彻执行国家及有关部门颁发的各项技术标准、施工规范。

（2）在编制项目的设计与施工的同时，负责编制安全技术措施、计划，审批单项安全措施，指导安全技术措施落实。

（3）负责组织技术人员学习国家安全生产方针、政策、法规、规程和有关安全生产的规章制度。

（4）在推广或正式采用新技术、新工艺、新结构、新机具前，负责编制新的安全技术措施。

（5）负责对施工机械、供电设备及路线的技术检验、鉴定和技术管理工作，对不符合技术规范和安全规程的严禁使用。

四、项目经理安全职责

（1）负责认真执行安全生产政策和规章制度，不违章指挥，并担负本项目部安全生产第一责任人。

（2）组织编制并审核施工安全技术措施，报公司批准后组织安全工作。

（3）按企业内部规定进行员工教育，支持安全部门，开展活动，安排员工参加安全技术培训工作。

（4）发生伤亡事故及时上报；召开事故分析会议，认真分析事故原因，提出和落实改进措施。

（5）认真执行"四不放过"安全管理原则。

五、项目技术人员安全职责

（1）负责组织设计并实施施工，且应根据工程特点编制适宜的安全技术措施。

（2）在大力推广新技术、新工艺、新材料的同时，也应编制相应的安全技术措施。

（3）管生产的同时，也应杜绝现场安全隐患的发生。

（4）负责根据项目具体实际，编制施工安全措施及方案。

（5）参加重大伤亡事故的调查研究，提出技术性的鉴定意见和改进措施。

六、安全员安全职责

（1）认真贯彻《建筑法》，严格执行安全技术规程，经常向员工进行遵章守纪宣传和安全生产教育工作。

（2）深入施工现场，严格按照《建筑施工安全检查评分标准》检查评定安全生产情况，超前预防，消防隐患，杜绝事故发生。

（3）代表车间主任对工作中的安全生产工作负责。

（4）参与审查生产组织设计、员工方案和编制安全技术措施计划，并督促检查，落实具体工作。

（5）协助领导做好员工的安全技术培训和新员工入职的"三级"安全教育。

（6）认真做好工伤事故的统计和分析工作，对发生了工伤及未遂事故，应保护好现场后即刻上报，并参加调查分析，提出确定事故性质的方案。

（7）认真填写现场安全工作记录，建立健全工程安全施工档案。

七、班组长安全职责

班组长是班组的安全生产第一责任人，也是完成班组生产任务的核心人物，从而决定了班组长在管好生产的同时，必须管好安全。一旦在生产中发生不安全现象或是事故，班组长必须担负相关的责任。班组长的具体安全职责有以下几方面。

（1）认真执行劳动保护政策法规、本企业的规章制度，以及本车间的安全工作指令等，对本班组成员的生产安全与身体健康负责。

（2）根据生产任务、劳动环境和员工的身体、情绪、思想状况，具体布置安全生产工作，落实安全措施，做到班前有布置，班后有检查。

（3）对本班组员工进行安全操作指导，并检查其对安全技术操作规程的遵守情况。

（4）教育和检查本班组员工是否正确使用机器设备、电气设备、工夹具、原材料、安全装置，以及是否穿戴了个人防护用品。

（5）督促班组安全员认真组织每周的安全日活动，做好对新员工、调换工种和复工人员的安全生产知识教育培训。

（6）发生伤亡事故时，应立即向部门领导报告，并积极组织抢救。除了防止事故扩大而采取必要的措施外，还应保护好现场。组织班组按"三不放过"（事故原因分析不清不放过，事故责任者和群众没有受到教育不放过，没有采取切实可行的防范措施不放过）的原则，对伤亡事故进行分析，吸取教训，举一反三，抓好安全整改。督促安全员认真填写"员工伤亡事故登记表"（见表1-3），按规定的时间上报。

（7）积极组织开展"人人身边无安全隐患活动"，制止违章指挥和违章作业，严格执行安全管理制度。

（8）加强对班组安全员的领导，积极支持其工作，实现安全生产档案资料管理制度化、规范化、科学化。

表 1-3　员工伤亡事故登记表

填报部门：　　　　　　　　　　　　　　　　　　　编号：

班组			发生时间			
事故类别				发生地点		
姓名		受伤详细部位		受过何种安全教育		
工种		级别		性别		年龄	
本工种工龄			歇工总天数			
事故详细经过						
事故原因分析						
预防重复发生措施						
伤亡事故处理	班组意见			签字：		
	部门负责人意见			签字：		
主管部门意见						
				签字：		

填表人：　　　　　　　　　　　　　　　　年　　月　　日

附件一：班组长安全责任书

班组长安全生产职责书

1. 严格执行安全法规和本公司、本车间的安全生产规章制度，对本班组的安全生产全面负责。

2. 组织本班组成员认真学习并贯彻执行安全法规，以及本公司、本车间的安全生产规章制度和安全技术操作规程，教育员工遵纪守法，制止违章行为。

3. 负责对员工进行岗位安全教育，特别是加强新员工和临时工的岗位安全教育。

4. 加强安全管理活动，坚持班前有要求、班中有检查、班后有总结。

5. 负责班组安全检查，发现不安全因素及时组织力量消除，并报告上级。

6. 发生事故立即报告，并组织抢救，保护好现场，做好详细记录。

7. 搞好本班组生产设备、安全装置、消防设施、防护器材和急救器具的检查维护工作，使其保持正常运行，督促教育员工正确使用劳动保护用品。

8. 保证不违章指挥，不强令员工冒险作业。

9. 完成本部门领导委托的其他安全工作。

我承诺：坚决履行上述安全生产职责和义务，认真抓好本班组安全生产工作。

签发人：

责任人（签名）：

日期：　　年　月　日

八、生产工人安全职责

企业的安全工作最终落实到每个操作岗位，只有各岗位人员做好安全生产，企业安全工作才有保障，因此要求每个操作岗位人员履行下列安全职责。

（1）积极参加各项安全教育活动，努力学习，不断提高安全意识，增长安全技术知识，提高安全操作能力。

（2）自觉遵守各项安全规章制度，听从安全人员及其他人员的劝告，同时有责任劝阻和纠正共同作业者的违章行为。

（3）爱护和正确使用各种机具设备、设施及安全防护装置。

（4）发生事故后要立即报告上级，保护现场并积极抢救伤员，如实向上级和安全部门反映事故真实情况。

（5）积极参加群众安全活动，提出安全合理化建议，开展安全技术活动。

附件二：员工安全生产责任书

员工安全生产职责书

1. 严格遵守公司各项安全管理制度和操作规程，不违章作业，不违反劳动纪律，对本岗位的安全生产负直接责任。

2. 认真学习和掌握本工种的安全操作规程及有关安全知识，努力提高安全技术。

3. 精心操作，严格执行工艺流程，做好各项工作记录，工作交接时必须同时交接安全情况。

4. 了解和掌握工作环境的危险源和危险因素，发现事故隐患及时进行报告。

5. 如果发生事故，要正确处理，及时、如实地向上级报告，并保护好现场。

6. 积极参加各种安全活动，发现异常情况及时进行处理；不能处理的，要及时报告班组长或安全员。

7. 正确操作，精心维护设备，保持作业环境整洁、有序。

8. 按规定着装上岗作业，正确使用各种防护器具。

9. 拒绝执行违章作业指令，并报告安全员。

10. 对他人违章作业及时予以劝阻和制止。

我们承诺：坚决履行上述安全生产职责和义务，认真做好本岗位的安全生产工作。

签发人：

日期： 年 月 日

责任人签名单见表1-4。

表 1-4 责任人签名单

序号	姓名	工号	工种	签名
1				
2				
3				
4				
5				
6				
7				
8				
9				
10				
11				
12				
13				
14				
15				

九、保卫消防人员安全职责

（1）对进入管辖内人员，必须要求其出示相应的证件。

（2）不定时地对辖区内地进行巡查，发现安全隐患及时向有关领导如实反映。

（3）负责现场材料和机械的保卫工作，发现可疑人等必须向领导或公安部门反映。

（4）主动配合有关部门开展安全检查，消除治安、灾害、事故隐患，重点抓好防火、防爆、防毒、防盗工作。

（5）对已发生的重大事故，协同有关部门组织抢救，查明性质后，责任事故由有关部门处理；对其性质不明的应主动参与调查，对涉嫌破坏事故的负责追查处理。

第二章
安全教育与培训

Chapter 02

第一节　安全为主，预防为先

一、安全生产最重要的就是预防

安全生产方针是"安全第一、预防为主、综合治理"。"预防为先，安全为首"，才能有效降低企业安全事故发生的频率。

安全生产最重要的就是要预防。像治疗疾病一样，预防是前沿阵地，是防止疾病产生的最佳选择。当今大企业，工矿设备需要我们去维护，需要我们去操作，每个岗位都有它的技术标准、安全规则，以及前辈师傅们的工作经验，所以我们要学会学习，虚心听取同行的经验和教训，而且要掌握要领，这是防止安全事故发生的最佳选择。

正如疾病预防的成本远远比治疗疾病要便宜得多一样，安全事故的预防是更经济、更划算的行为。有安全隐患就要动脑筋去发现、去处理。如果发现了不安全因素却不理不睬、不重视，就埋下了事故的导火索，随时可能引爆，造成人员以及财产的损失。

人的生命只有一次，所以，安全生产开不得半点玩笑。其中很多特殊工种对安全的要求性更高，也就更容易造成安全事故，所以，特殊岗位的人更应学习岗位安全知识，必须经过安全培训，持证上岗。各方面严格要求了自己，防范到位，生命也就多了几分安全保障。

一些人不爱穿戴劳保用品，虽然看起来并不影响生产，却是造成不安全的一个重要因素。像焊工不戴口罩是非常危险的，长期吸入各种有毒烟气会造成机体中毒，危及生命。所以，安全生产重在预防，来不得半点侥幸。

虽然有了安全防范也会存在安全事故威胁，但有防范总比不防范要好得多，像对付疾病的产生一样，预防总比治疗好。现在的某些疾病还是不能根治，所以，预防应该永远是第一位的。

俗话说："安全是天，生死攸关。"安全是人类生存和发展的基本条件，安全生产关系员工生命和财产安全、家庭幸福和谐，是关系到企业兴衰的头等大事。对于企业来说，安全就是生命，安全就是效益，唯有安全生产这个环节不出差错，企业才能更好地发展壮大，否则，一切皆是空谈。

安全生产，得之于严，失之于宽。在安全生产和安全管理的过程中，时常会看到因为一些小节的疏忽而酿成大的事故，一切美好的向往、对未来美好憧憬也将随着那一刹那的疏忽而付之东流。

安全生产只有起点，没有终点。安全生产是永不停息、永无止境的工作，必须常抓不懈，警钟长鸣，不能时紧时松、忽冷忽热，存有丝毫的侥幸心理和麻痹思想；更不能"说起来重要、做起来次要、干起来不要"。

安全意识也必须渗透到我们的灵魂深处，朝朝夕夕，相伴你我。我们要树立居安思危的忧患意识，把安全提到前所未有的高度来认识。安全生产虽然慢慢步入良性循环轨道，但我们并不能高枕无忧。随着科技的发展与进步，安全生产也不断遇到新变化、新问题，我们必须善于从新的实践中发现新情况，提出新问题，找到新办法、走出新路子。面对全新而紧迫的任务，更要树立"只有起点，没有终点"的安全观，真正做到"未雨绸缪"。

二、不安全心理的产生

很多企业和员工均存在侥幸心理，企业在管理中安全责任意识淡薄，没有从责任感、意识层次上进行预防。"安全第一、预防为主"更应该体现在从心理上真正地做好思想准备工作，从意识上、从责任感上、从思想上做好准备。我国大多数企业在安全管理工作中，知道安全管理可以给企业带来无形的经济效益，但是，也有不少企业没有从思想上重视安全管理，因此给企业带来了破灭性的灾难。下面将主要的不安全心理分析如下。

1. 侥幸心理

有侥幸心理的人通常认为操作违章不一定会发生事故，相信自己有能力避免事故发生，这是许多违章人员在行动前的一种重要心态。心存侥幸者不是不懂安全操作规程，或缺乏安全知识、技术水平低，而是"明知故犯"；他们总是抱着违章不一定出事，出事不一定伤人，伤人不一定伤己的信念。

2. 冒险心理

冒险也是引起违章操作的重要心理原因之一。理智性冒险，"明知山有虎，偏向虎山行"；非理智性冒险，受激情的驱使，有强烈的虚荣心，怕丢面子；有冒险心理的人，或争强好胜、喜欢逞能，或以前有过违章行为而没有造成事故的经历；或为争取时间，不按安全规程作业。

有冒险行为的人，有时会将冒险当做英雄行为。有这种心理的人，大多为青年员工。

3. 麻痹心理

具有麻痹心理者，或认为是经常干的工作，习以为常，不觉得有什么危险，或没有注意到反常现象，照常操作。还有的则是责任心不强，沿用习惯方式作业，凭

"老经验"行事，放松了对危险的警惕，最终酿成事故。

麻痹大意是造成事故的主要心理因素之一，其在行为上表现为马马虎虎，大大咧咧，盲目自信。他们往往盲目相信自己以往的经验，认为自己技术过硬，保证出不了问题。

4. 捷径心理

具有捷径心理的人，常常将必要的安全规定、安全措施当成完成任务的障碍，如为了节省时间而不开工作票、高空作业不系安全带。这种心理造成的事故，在实际发生的事故中占很大的比例。

5. 从众心理

具有这种心理的人，其工作环境内大都存在有不安全行为的人。如果有人不遵守安全操作规程并未发生事故，其他人就会产生不按规程操作的从众心理。从众心理包括两种情况：一是自觉从众，心悦诚服、甘心情愿与大家一致违章；二是被迫从众，表面上跟着走，心理反感，但未提出异议和抵制行为。

6. 逆反心理

逆反心理是一种无视管理制度的对抗性心理状态，一般在行为上表现出"你让我这样，我偏要那样""越不许干，我越要干"等特征。逆反心理表现为两种对抗方式：显性对抗指当面顶撞，不但不改正，反而发脾气，或骂骂咧咧，继续违章；隐性对抗指表面接受，心理反抗，阳奉阴违，口是心非。

具有逆反心理的人一般难以接受正确、善意的提醒和批评，他们坚持其错误的行为，在对抗情绪的意识作用下，产生一种与常态行为相反的行为，自恃技术好，偏不按规程执行，甚至在不了解设备性能及注意事项的情况下进行操作，从而引发人身安全事故。

7. 工作枯燥、厌倦心理

从事单调、重复工作的人员，容易产生心理疲劳和厌倦感。具有这种心理的人往往由于工作的重复操作产生心理疲劳，久而久之便会形成厌倦心理，从而感到乏味，时而走神，造成操作失误，引发事故。

8. 好奇心理

好奇心人皆有之，其实是对外界新异刺激的一种反应。好奇心强的人容易对自己以前未见过、感觉很新鲜的设备乱摸乱动，从而使这些设备处于不安全状态，最终影响自身或他人的安全。

9. 逞能心理

争强好胜本来是一种积极的心理品质，但如果它和炫耀心理结合起来，且发展到不恰当的地步，就会走向反面。

10. 无所谓心理

无所谓心理表现为对遵章或违章心不在焉，满不在乎。持这种心理的人往往根本没意识到危险的存在，认为规章制度只不过是领导用来卡人的。他们通常认为违章是必要的，不违章就干不成活，最终酿成了事故。

11．作业中的惰性心理

惰性心理指尽量减少能量支出，能省力便省力，能将就凑合就将就凑合的一种心理状态，其实也是懒惰行为的心理。

12．情绪波动，思想不集中

情绪是心境变化的一种状态。顾此失彼，手忙脚乱，高度兴奋或过度失落，都易导致不安全行为。

13．技术不熟练，遇险惊慌

对突如其来的异常情况惊慌失措，无法进行应急处理，难断方向。

14．错觉下意识心理

这是个别人的特殊心态，一旦出现，后果极为严重。

15．心理幻觉近似差错

莫名其妙的"违章"，其实是人体心理幻觉所致。

行为科学是研究人的行为的一门综合性科学。它研究人的行为产生的原因和影响行为的因素，目的在于激发人的积极性和创造性，从而达到组织目标。它的研究对象是探讨人的行为表现和发展的规律，以提高对人的行为预测，以及激发、引导和控制能力。

三、物的不安全状态

物的不安全状态主要表现在以下几方面。

（1）设备、装置有缺陷。例如设备陈旧、安全装置不全或失灵、技术性能降低、刚度不够、结构不良、磨损、老化、失灵、腐蚀，物理和化学性能均达不到规定等。

（2）施工场所的缺陷。例如工作面狭窄、施工组织不当、多工种立体交叉、交通道路不畅、机械车辆拥挤等。

（3）物质及环境具有危险源。例如物质方面有：物品易燃、毒性、机械振动、冲击、旋转、抛飞、剪切、电器漏电、电线短路、火花、电弧、超负荷、过热、爆炸、绝缘不良、电器无漏电保护、高压带电作业等；环境方面有：台风、雷电、高温、桩井有害气体、焊接烟雾、噪声、粉尘、高压气体、火源等。这些有害因素都会导致施工人员在不符合安全操作规程要求时发生工伤事故。

四、人的不安全行为

人的不安全行为主要表现如下。

1．操作失误

主要原因如下：

（1）机械产生的噪声使操作者的知觉和听觉麻痹，导致不易判断或判断错误；

（2）依据错误或不完整的信息操纵或控制机械造成失误；

（3）机械的显示器、指示信号等显示失误，使操作者误操作；

（4）控制与操纵系统的识别性、标准化不良而使操作者产生操作失误；

（5）时间紧迫致使没有充分考虑而处理问题；

（6）缺乏对机械危险性的认识而产生操作失误；

（7）技术不熟练，操作方法不当；

（8）准备不充分，安排不周密，因仓促而导致操作失误；

（9）作业程序不当，监督检查不够，违章作业；

（10）人为地使机器处于不安全状态，如取下安全罩、切除联锁装置等；

（11）走捷径、图方便、忽略安全程序。

2. 误入危险区

主要原因如下：

（1）操作机器的变化，如改变操作条件或改进安全装置时，或者电气倒闸操作误入带电间隔；

（2）图省事、走捷径的心理；

（3）条件反射下忘记危险区；

（4）单调的操作使操作者疲劳而误入危险区；

（5）由于身体或环境影响造成视觉或听觉失误而误入危险区；

（6）错误的思维和记忆，尤其是对机器及操作不熟悉的新员工容易误入危险区；

（7）指挥者错误指挥，操作者未提出异议而误入危险区；

（8）信息沟通不良而误入危险区；

（9）异常状态及其他条件下的失误。

第二节　树立"四不伤害"安全理念

一、什么是"四不伤害"

（一）"四不伤害"的含义

"四不伤害"的含义包括以下几个方面。

1. 我不伤害自己

"我不伤害自己"，就是要提高自我保护意识，不能由于自己的疏忽、失误而使自己受到伤害。它取决于自己的安全意识、安全知识、对工作任务的熟悉程度、岗位技能、工作态度、工作方法、精神状态、作业行为等多方面因素。

2. 我不伤害他人

"我不伤害他人"，就是我的行为或行为后果不能给他人造成伤害。在多人同时作业时，由于自己不遵守操作规程，对作业现场周围观察不够，以及自己操作失误等原因，自己的行为可能对现场周围的人员造成伤害。

3. 我不被他人伤害

"我不被他人伤害"，即每个人都要加强自我防范意识，工作中要避免他人的错误操作或其他隐患对自己造成伤害。

4. 我保护他人不受伤害

任何组织中的每个成员都是团队中的一分子，要担负起关心爱护他人的责任和义务，不仅自己要注意安全，还要保护团队的其他人员不受伤害，这是每个成员对集体中其他成员的承诺。

（二）"四不伤害"的延展

对于立体交叉作业，涉及的人员较多、单位较多、工种较多、危险作业较多，各施工单位之间的"四不伤害"由个体行为扩展到组织行为尤其重要。在这种情况下，要想杜绝事故，保证现场所有作业人员的健康安全，必须做到各个作业单位之间的"四不伤害"：

① 每个作业单位人员自己要保证安全；

② 每个作业单位要保证不伤害其他施工作业单位的人员；

③ 每个作业单位人员不被其他作业单位伤害；

④ 每个作业单位都有责任保护其他作业前段时间人员不受到伤害。

为了有效落实"四不伤害"原则，强化安全管理，有效避免人身伤害，各施工单位应做到：

① 签订安全协议；

② 进行安全交底（先知），辨识危险、危害因素；

③ 各自落实安全措施和安全责任，现场施工经常进行沟通、协调，进行统一指挥；

④ 规范岗位作业行为从我做起。

由"要我安全"到"我要安全"，直至"我会安全"。这个过程需要牢固树立安全意识，广泛学习安全知识，熟练掌握安全技能，把正确的安全操作行为变成一种安全行为习惯，真正形成一种安全文化，达到"四不伤害"。

二、"四不伤害"的重要性

"四不伤害"的安全理念是在"三不伤害"的基础上的提升，是人性化管理和安全情感理念的升华。即在"不伤害自己、不伤害他人、不被他人伤害"的"三不伤害"的安全理念基础上，增加"保护他人不受伤害"这一关心他人，也是关心自己的观点，进一步丰富和发展了安全管理的内涵，拓宽了安全管理的渠道，突出了"以人为本"的安全管理理念，强化了安全生产意识。

随着安全管理的不断精细化，安全生产标准化及作业环境安全的迫切需要，把"三不伤害"提升到"四不伤害"显得极为重要。在安全管理工作中，"四不伤害"充分体现了每一个作业人员的自保、互保、联保意识。

自保就是在工作中，必须清楚地知道自己该做什么，不该做什么，应该做什么，怎么去做；对作业现场的危险因素、安全隐患和事故处理及防范措施都要做到心中有数，从而确保自己的安全。互保就是在作业过程中，要看一看有没有危及他人的安全，详细了解清楚周边的安全状况，关键时刻要多提醒身边的同事，一个善意的提醒，就可能防止一次事故，就可能挽救一个生命；关心、关注周围同事的行为，对现场出现"三违"现象要及时制止，绝不视而不见，更不能盲目从事。关注他人安全的意识就是保护他人的安全，是每一个作业人员的安全责任和义务，也是保护自己的有效措施。联保就是在作业过程中，不单单是关心自己，同时还要关心他人，相互提醒、相互监督、相互促进，形成人人抓安全、人人保安全的责任意识，增强员工的凝聚力，提高全员的安全意识。

三、如何树立"四不伤害"安全理念

员工的安全是公司正常运行的基础，也是家庭幸福的源泉。有安全，美好生活才有可能。

1. 我不伤害自己

要想做到"我不伤害自己"，应做到以下几方面。

（1）在工作前应思考下列问题：

① 我是否了解这项工作任务，责任是什么？

② 我具备完成这项工作的技能吗？

③ 这项工作有什么不安全因素？

④ 有可能出现什么差错？

⑤ 出现故障我该怎么办？

⑥ 应该如何防止失误？

（2）保持正确的工作态度及良好的身体心理状态，懂得保护自己主要靠自己负责。

（3）掌握自己操作的设备或活动中的危险因素及控制方法，遵守安全规则，使用必要的防护用品，不违章作业。

（4）弄懂工作程序，严格按程序办事。

（5）出现问题时停下来思考，必要时请求帮助。

（6）谨慎小心工作，切忌贪图省事，不要干起活来毛毛躁躁。

（7）不做与工作无关的事。

（8）劳动着装齐全，劳动防护用品符合岗位要求。

（9）注意现场的安全标志，对作业现场危险有害因素进行充分辨识。

（10）积极参加一切安全培训，提高识别和处理危险的能力。

（11）虚心接受他人对自己不安全行为的提醒和纠正。

2. 我不伤害他人

要想做到"我不伤害他人"，应做到以下几方面。

（1）自己遵章守规，正确操作，是"我不伤害他人"的基本保证。

（2）多人作业时要相互配合，要顾及他人的安全；对不熟悉的活动、设备、环境多听、多看、多问，进行必要的沟通协商后再行动。

（3）工作后不要留下隐患；检修完机器，将拆除或移开的盖板、防护罩等设施恢复正常，避免他人受到伤害。

（4）操作设备尤其是启动、维修、清洁、保养时，要确保他人在安全的区域。

（5）将你所知道的危险及时告知受影响人员，加以消除或予以标识。

（6）对所接受到的安全规定、标识、指令，请认真理解后执行。

（7）高处作业时，工具或材料等物品放置稳妥，以防坠落砸伤他人；动火作业完毕后及时清理现场，防止残留火种引发火情。

（8）机械设备运行过程中，操作人员未经允许不得擅自离开工作岗位，谨防其他人误触开关造成伤害等。

（9）拆装电气设备时，将线路接头按规定包扎好，防止他人触电。

（10）起重作业要遵守"十不吊"，电、气焊作业要遵守"十不焊"，电工作业要遵守电气安全规程等。每个人在工作后作业现场周围仔细观察，做到工完场清，不给他人留下隐患。

焊接作业"十不焊"：
（1）不是焊工不焊；
（2）要害部位和重要场所不焊；
（3）不了解周围情况不焊；
（4）不了解焊接物内部情况不焊；
（5）装过易燃易爆物品的容器不焊；
（6）用可燃材料作保温隔音的部位不焊；
（7）密闭或有压力的容器管道不焊；
（8）焊接部位旁有易燃易爆品不焊；
（9）附近有与明火作业相抵触的作业不焊；
（10）禁火区内未办理动火审批手续不焊。

3. 我不被他人伤害

要想做到"我不被他人伤害"，应做到以下几方面。

（1）提高自我防护意识，保持警惕，及时发现并报告危险。

（2）拒绝他人违章指挥，提高防范意识，保护自己。

（3）对作业场地周围不安全因素要加强警觉，一旦发现险情要及时制止，纠正他人的不安全行为并及时消除险情。

（4）不忽视已标识的潜在危险并远离之，除非得到充足防护及安全许可。

（5）要避免由于其他人员工作失误、设备状态不良，或管理缺陷遗留的隐患给自己带来的伤害。如发生危险性较大的中毒事故等，若没有可靠的安全措施，不能进入危险场所，以免盲目施救，自己被伤害。

（6）交叉作业时，要预见别人对自己可能造成的伤害，并做好防范措施；检修电气设备时必须进行验电，要防范别人误送电等。

（7）设备缺乏安全保护设备或设施时，例如旋转的零部件没有防护罩，员工应及时向上级主管报告，接到报告的人员应当及时予以处理。

（8）在危险性大的岗位（例如高空作业、交叉作业等），必须设有专人监护。

（9）纠正他人可能危害自己的不安全行为，不伤害生命比不伤害情面更重要。

4. 我保护他人不受伤害

要想做到"我保护他人不受伤害"，应做到以下几方面。

（1）任何人在任何地方发现任何事故隐患，都要主动告知或提示给他人。

（2）提示他人遵守各项规章制度和安全操作规程。

（3）提出安全建议，互相交流，向他人传递有用的信息。

（4）视安全为集体荣誉，为团队贡献安全知识，与其他人分享经验。

（5）关注他人身体、精神状态等异常变化。

（6）一旦发生事故，在保护自己的同时，要主动帮助身边的人摆脱困境。

第三节　做到零伤害、零职业病和零事故

一、如何做到零伤害

1. 正确定位与规划

（1）战略定位。如果企业没有一个宏观的把握，也就是没有一个指导方向，不知道自己将向哪儿去，这是一个硬伤，所以企业要有清晰的战略定位，从长远角度来考虑企业总体发展方向。

（2）策略规划。每一个企业都应制定自己的远期和近期的计划，来指导自己企业的日常行为和规范，这是一个企业必须建构的规划。

2. 正确认识安全信条，并加以重视

（1）所有的伤害都是可以预防的。这一条是安全信条的核心。这一条要求看上去有点过分，但是多年的实践证明，坚持这条安全工作的原则，就能取得好的成绩；反之，任何偏离该原则的做法，必然会导致工作的失误。

（2）管理层对安全及安全业绩负责。从上到下各级管理人员均有责任在其管辖范围内避免伤害的发生。管理层的一个重要责任是制定安全工作目标，提供资源并通过有效的监督，使安全工作能持久和有效。

（3）全员参与安全工作至关重要。正如质量管理工作一样，安全管理工作离开了全员的参与也很难取得实效。现代化的公司每人每月要作一次安全检查，及时发现安全漏洞，提高员工的安全意识。

（4）任何作业中存在的危险源都应加以防护。本条与第一条"所有的伤害都是可以预防的"有相通的地方。前面讲的是目标，这里讲的是具体做法。首先要对现

场的危险源进行辨识；接下来最彻底的方法就是消除和改变危险源，但在实践中往往不可行；比较好的选择是采用产生较少危害的工艺或设备。但在大多数情况下，我们不得不采用将危险源加以隔离的方法。与此相配套的还有：制定相应的安全作业规程、员工培训、劳保装备的应用。

通过以上几个方面的共同作用来保证人员的安全。

（5）安全工作是岗位的基本职责。安全作为岗位的基本职责，企业应加强这方面的重视程度，规定每个岗位在安全方面的职责。

（6）安全培训是必不可少的。员工从进入公司第一天起就必须接受安全培训，在日后的工作中还应不断地进行各类安全培训，以不断加强员工的安全技能和意识。

（7）所有暴露的作业危险都应该被隔离。所有的作业危险，特别是暴露在外的，都应该被隔离起来，也是可以被隔离起来的。只有把危险源隔离开来，才能杜绝员工在工作中因疏忽大意而导致的危险。

3. 规范管理

（1）规范制度。没有规范制度，会使企业陷入混乱。小到员工守则，大到企业运营，都应在各项规章制度下规范运作。

（2）人性管理。除了规范的制度以外，应采取人性化的企业管理。针对员工出现不同的心理状况，应进行及时沟通，疏导员工情绪，消除不安全因素。

（3）加强执行力。将各项规章制度落到实处，要求员工按照操作规程工作，检查员工劳保防护用品穿戴情况，提高员工的安全意识，对于危险区域要做好相关的安全措施。

4. 加强安全分析工作

工作安全分析（JSA）程序是为员工设计的，用来管理员工日常工作中安全风险的工具。在进行一项有一定安全风险的工作之前，要求参与作业的员工在"工作安全分析用表"上写出每一项作业步骤，以及每一项作业步骤中潜在的危险与相应的控制措施。

工作安全分析要点如下。

（1）对所有具有一定安全风险的工作（包括日常工作）都需要进行作业安全分析。

（2）在编写工作安全分析时，应请对该工作有丰富经验的员工参与一起编写，有必要时，安全员应予以协助。

（3）在编写工作安全分析时，首先按顺序编写每一项作业步骤，这些作业步骤应写成"做什么"，而不是"如何做"。在写完所有作业步骤之前，不要开始进行危险源识别。

（4）在进行危险源识别时，列出的危险源一定要足够具体。要尽量避免使用如"人员受伤"一类太笼统的说法。

当选择对危险源的控制方法时，首先应考虑是否可以采用另一种完全没有危险的作业方法；如果没有，则再考虑如何应用工程的方法、管理的方法、安全作业行为、个人防护用品及应急反应计划等手段，降低意外发生的可能性，以及一旦发生时后果的严重性，将危险控制到一个可接受的程度。

要尽量避免使用"小心""使用合适的个人防护用品"等太笼统的说法。如果工作安全分析只停留在纸面上，那么它就不能起到对危险源进行控制的作用。一定要利用班前会，把工作安全分析中的内容给所有参与作业的人员讲清楚。在作业过程中，一定要按工作安全分析上所列的作业步骤一步一步地进行作业，并且要确保工作安全分析上所列的所有的风险控制措施都得到充分执行。

工作安全分析应该通过作业实践和吸取事故教训得到持续的改进和完善。

5. 发现隐患和发生事故必须及时报告

现场发现存在危险隐患，必须立即报告，并进行处理。任何人发现自身或者他人处于危险环境中时，必须及时提醒他人并消除危险。如遇到自己不能解决的，必须立即上报现场管理人员，禁止强行处理。具体措施建议如下。

（1）工厂及施工现场都必须制定隐患整改及事故报告制度。

（2）现场发生任何事故或发现隐患后，必须立刻通知现场管理人员。

（3）发现隐患后，应制定快速、有效的控制和预防措施，及时消除隐患。

（4）进行持续性监督，跟踪隐患处理措施是否有效，如无效，则必须重新制定，制定持续性改进措施，防止事故发生。

（5）任何受伤或者发生事故，无论有多小，都必须报告并调查，并且必须在受伤或者事故发生的 24 小时之内，向上一级部门及公司管理层提交详细的事故调查报告。

（6）发生人身伤亡事故时，必须及时联系相关部门和单位进行救护。

（7）在准备或完成立即处理措施时，必须保护好事故现场，接受事故调查。

6. 建立工作现场应急预案

针对可能发生的紧急事件，必须制定工作现场应急预案。例如：高处坠落，人员触电、医疗急救或恶劣天气如台风等的应急预案。具体措施建议如下：

（1）必须定期进行应急演习；

（2）材料的堆放必须符合要求，所有施工区域必须留有一条 4m 宽的消防、急救车通道，保证消防、急救车可以到达任何一个施工点及区域；

（3）现场必须设置担架、药箱等急救设施；

（4）设置应急救助站；

（5）设置紧急集合点；

（6）现场配备足够的灭火器材，并定期检查；

（7）进行应急培训，保证所有人员熟悉应急设备及紧急逃生通道的位置；

（8）发生急救及火灾事故时，必须派专人在路口等待，引导急救车及消防车进入施工工地；

（9）收录应急联系电话，包括当地的医院、消防中队，以及相关政府部门、管理人员的联系电话，并张贴在现场办公室或其他醒目的地方；

（10）建立员工家属联络方式，并建档保存。

7. 重奖重惩

（1）企业应当鼓励工作中的安全行为，奖励安全表现良好的员工。对安全表现良好的员工可以直接进行奖励，也督促各个部门奖励表现好的员工。

（2）员工的违章行为分为三级，为保障工作区域安全，对员工的违章行为必须实施处罚制度，例如：

① 一级违章一次，立即开除；

② 二级违章一次，罚款300元；

③ 三级违章一次，罚款150元。

（3）三级违章的界定

① 一级违章

a. 高处作业时，不系挂安全带；

b. 在高处作业面睡觉、追逐、打闹、嬉戏；

c. 特种作业无证上岗，证件弄虚作假；

d. 违规指挥、冒险操作不听劝阻；

e. 违反规定且屡教不改；

f. 瞒报、谎报、虚报事故。

② 二级违章

a. 非持证的特种设备操作人员进行特种设备无证操作。

b. 特种作业人员不按施工方案的安全要求进行工作。

c. 违反各种特种作业中要求的行为，如违规指挥、冒险操作、违规作业等；特种作业时，不按要求使用及故意损坏个人劳保用品和防护用具；在氧气乙炔瓶旁边抽烟；指挥吊重物从地面有工人工作上方经过。

d. 工作区域打架、偷窃及饮酒。

e. 损坏或者擅自挪用、拆除、停用安全设施。

f. 损坏、不佩戴、不正确佩戴或佩戴不合适的个人劳保用品。

③ 三级违章

a. 管理人员和安全人员不履行安全职责；

b. 对于违反安全的行为或状态视而不见，不予以制止、纠正；

c. 不做好每日的安全记录；

d. 不及时落实整改，违反安全要求的指令；

e. 使用不符合安全技术标准的设备；

f. 发现事故隐患不及时报告。

8. 技巧性地开展安全工作

（1）全员加强安全检查。公司每人每月作一次安全检查，其目的是发现安全漏洞，即不安全行为和不安全状况。这种做法也有利于提高员工的安全意识。

（2）建立安全委员会。公司建立安全委员会，成员来自于不同层面，从高级管理层直至基层员工（如操作工），成员多样性，使得委员会做出的安全改进计划的可操作性大大增强。

（3）建立班前会议制度。班前会，一般用于开工前布置工作时，利用这一机会来提醒安全方面的事项。

（4）提倡"三思而后行"的行为准则。这是一种思维和行为方法，简单而又行之有效。它提倡在行动前先要停顿一下，确认无误以后才开始。

（5）加强安全检查。安全检查的目的，就是公司要求员工对发生的大大小小的事故都予以报告，并分析原因，通过发现、记录和分析这些事故，来减少事故发生的概率。

安全不能靠一时一事，实际情况的复杂性和多变性，决定了安全管理工作是一个长期的任务。

二、如何做到零职业病

有些用人单位不履行职业病预防义务，职业病诊断难、鉴定难、获赔难……，从张×超"开胸验肺"事件，云南水富"怪病"，到深圳某农民工尘肺病事件，一桩桩沉痛的事件，一次次触及我国职业病防治之殇。《中华人民共和国职业病防治法》将腰背痛、颈椎病、"鼠标手"等纳入其中，进行全新扩容，不仅体现了职业病防治与时俱进，也体现了国家层面对劳动者的人性化关怀。但我们在为《职业病目录》扩容叫好的同时，更应该看到一项公共政策执行范围的拓展，必须建立在执行有力，并取得显著成效的基础之上。

有些企业或雇主常以员工健康和生命为代价去追求尽可能多的利润，造成职工职业病例频发。对依法维护员工利益的群众组织——工会来说，应主动预防职业病风险，真正为员工做实事、做好事。

职业病应预防为主，努力做好以下工作：

① 危险评价到位；

② 责任到位；

③ 措施到位；

④ 规章制度到位；

⑤ 教育到位；

⑥ 监督到位；

⑦ 奖惩到位。

在现实中，想要完全避免职业危害因素的发生是难以做到的，但人们可以控制职业危害因素，减少其危害程度，防止劳动者发生严重职业伤亡和损害。预防或控制职业病的方法主要有：

（1）消除法。如：雷管线短路以消除爆炸可能。

（2）减弱法。如：以无铅汽油代替含铅汽油；以非铅蓄电池代替铅蓄电池。

（3）吸收法。如：对高噪声设备，采取吸声材料加以吸声。

（4）屏蔽法。如：高速路旁的隔声墙。

（5）加强法。如：安全帽。

（6）薄弱环节法。如：前车玻璃采用夹胶法或钢化法制作，汽车保险杠。

（7）互锁法。如：电动果汁器上的启动与危险互锁。

（8）接零、接地法。主要是防止触电及防静电。

（9）预警法。如：雷管箱上的爆炸危险标志、配电箱上的触电危险标志。

（10）预防性试验法。如：新型钻机在野外工地模拟条件下进行安全性试验、36V 安全电压。

（11）时间调节法。为减少有害因素在人体内的积累量，采取减少工时，增加工间休息次数或时间等。

（12）空间调节法。生产中的危险和有害因素随着距离加大而减弱。

（13）防护用品法。当某些危害因素一时无法排除或排除时经济代价太大，这时就要使用个人防护用品。如焊接用防护面罩、防沙尘口罩、安全带等。

预防职业病应做好以下工作。

（1）认真执行操作规程，充分利用防护设施和劳保用品。在生产劳动过程中，一定要养成严格遵守生产操作规程的良好劳动习惯，防止造成生产事故和职业危害。另外，工矿、企业还应针对职业危害的特点，提供一系列劳动防护工具和用品，如用于防尘、防烟雾，以及防刺激性气体的防护眼镜；用于防护强热辐射、紫外线的防护面罩；用于防止皮肤污染和损害的防护药膏等，都要自觉地坚持佩戴和使用。

（2）养成良好生活习惯，提高自身防病能力。如在有尘、毒危害环境中作业，应养成不吸烟、不吃零食和自觉使用防护用品的行为习惯；在从事高空作业及复杂精细工作时，应养成不饮酒和保证充足睡眠的行为习惯等。此外，还应针对职业危害因素的特点，养成良好的饮食习惯，如接触铅尘、铅烟作业人员，平时应多食含磷和维生素 E 丰富的食品；接触磷作业人员应多食含钙、维生素 C 及维生素 B 族多的奶类、豆类食品及水果；接触苯类作业人员应多食瘦肉、鱼、蛋等富含蛋白质、低脂肪的食物和新鲜蔬菜及水果等，以减少对毒物的吸收或蓄积，增强人体抵抗能力。

（3）定期进行健康检查。各类作业人员，尤其是接触尘、毒及电离辐射的工人，要定期、主动地接受健康检查，及时发现轻微的职业疾患或前期症状，采取相应的防护措施，确保身体健康。

三、如何做到零事故

"零事故"活动最早起源于日本。早在 1973 年，日本就借鉴美国安全评议会开展的"Zeroinon safety"活动思想，并将其与质量控制活动（QC）、创造性问题解决方法（KJ 法）等方法相结合使用，最终演变为我们今天所熟知的"零事故"

活动。

日本的"零事故"活动从 1973 年实施以来，经过多次改良，已经成为日本安全工作中不可或缺的一项安全管理方法。

1. 树立"零事故"目标

据安全调研报告显示，随着社会发展，企业渴求安全的呼声越来越高，而"零事故"活动无疑是企业推进安全文化建设最有效的方法。

从安全文化建设的角度上讲，企业落实零事故安全生产管理的价值主要体现在以下几方面。

（1）促进"以人为本"的价值观更快深入人心。一家真正将"以人为本"做到实处的企业，必将是一家成功的企业。

从安全本身来讲，做好"零事故"就是以员工生命安全为基点。人是所有活动的根本，所以企业通过"零事故"活动可以达到如下安全价值目标：

① 有利于促进"安全第一，预防为主"方针的有效落实；

② 有利于促进员工的团队协作和团队自主活动；

③ 有利于企业每一名员工都把安全生产作为自身问题来对待；

④ 有利于推动工作现场员工创造明快、活跃的工作氛围，以及构建无安全隐患的工作现场；

⑤ 有利于帮助员工养成安全行为习惯。

（2）强化员工的执行力。减少员工的不安全行为可简单理解为强化执行力。从事安全管理工作的人士都有一个普遍认识：事故之所以发生，主要在于"操作者"没有按照程序执行，也就是员工具备专业知识和技术（会做），但没有按照专业要求的标准去做（忽视安全），所以导致安全事故的发生。

"操作者"不按操作程序执行（会做不去做）的原因，主要包括以下几点。

① 员工的精神状态欠佳：员工作业过程中精神及身体状态不佳，精力不集中；

② 员工的工作热情缺乏：员工执行安全规章时缺乏工作热情，没有干劲；

③ 员工的安全认知不强：员工缺少对危险情况的感知。

其实，这些方面存在的根源还是人的不安全行为。大量统计结果表明，90％以上事故的发生原因中都有员工的不安全行为这一因素。也就是说，企业安全管理者要想单纯依靠命令、指示、规定、教育、强制等安全管理的方法，来防止安全事故的发生是非常困难的，而且其所能发挥的作用也是非常有限的。所以，要想真正做好安全防范管理工作，必须采取团队自主活动。而"零事故"活动的提倡及实施，恰恰帮助企业解决了这一问题。因为从"零事故"实施的范围来讲，该活动是通过全员参与、安全预知的方法解决岗位危险及存在的隐患，最终实现工作现场的安全和舒适，从而创建一个健康的工作环境。简单来讲，就是促进员工自觉减少不安全行为。

安全是人类生存生活的基础保障，没有了安全，"以人为本"就是一句空话。安全工作不是亡羊补牢，而是未雨绸缪，防微杜渐。

2. 认识"零事故"是最大的节约

安全工作不能有一点偏差，因为每一次事故造成的经济损失都将给社会或个人带来难以承担的重担。安全管理稍有疏漏就会酿成事故，给人民生命造成威胁，财产造成损失。

倡导"零事故"活动可以从根本解决企业存在的安全问题，进而解决安全成本问题，即将"零事故"安全生产管理的价值呈现在企业管理者及员工面前。

（1）"零事故"是企业最大的成本节约。据不完全统计，企业每年因安全事故导致的花费，几乎占据企业生产总成本的10%左右。

（2）降低企业的人力成本。安全事故降低了，企业人员的生命安全保障就得到了提高，所以在企业人员配备上就能节省一大笔资金。

（3）设备、物料成本有效降低。没有安全事故发生，设备的使用寿命就在无形中得到延长，这就降低了企业的采购成本。

（4）员工的幸福指数上升。员工的幸福指数是指员工在工作中获得的知识、能力、心理承压，以及工作热情的数字指标。

安全为了生产，生产必须安全。这是"零事故"活动节约企业成本的前提条件，所以，做好"零事故"活动就是企业安全生产管理收获的最大价值。

3. 狠抓安全教育

每天上班前15分钟，车间负责人、工程师、领班要向安全经理汇报当天主要工作安排，安全经理和安全工程师必须针对此工作内容分析可能存在的危险，提醒大家在工作中要注意的事项，并制定出相应的预防措施。各车间安全工程师每天在员工开始工作前5分钟，都要将所有工人召集在一起，分析当天工作中可能存在的安全隐患，并详细讲解预防措施。

通过安全教育，让大家认识到安全工作的重要性和必要性，了解项目安全管理制度，以及安全事故自救常识等。除此之外，还在项目显眼位置张贴各类安全画报，时刻提醒大家注意安全。通过一系列长期的教育，要让安全生产意识深入人心，工作岗位上人人讲安全、学安全、比安全，让安全管理从"零"开始到"零"结束，紧盯每道工序，把握每个细节，做到严字当头，班组人员分工协作，环环相扣，各司其职；生产工具、安全设施整齐有序，生产现场无积水、无杂物。

4. 严格责任落实

根据工作岗位实际情况，制定严格的安全生产和防范制度，并将制度实实在在地落实在每个人上。每个车间设专职安全经理一名和安全工程师若干名。安全经理对整个车间或项目的安全负责监督、管理和实施，并定期向项目经理汇报整个项目的安全生产情况；安全工程师在安全经理的领导下，对各车间的安全工作进行监督、管理和实施，并每天向安全经理汇报各车间的安全生产情况。各班组设立班组安全员，安全员对安全经理负责。

为了确保责任落实，杜绝因人为因素带来的安全责任事故，工厂要定期组织对各车间进行安全大检查，对在检查中发现的安全隐患及时通报整改，并设定考核标准，予以评定，月底进行汇总。安全考核与项目部效益奖和年终项目奖金挂钩，对连续 3 个月评定垫底的安全工程师、车间负责人现场予以相应处罚，并扣除相应效益奖和年终奖金，连续 6 个月评定垫底的安全工程师、车间负责人直接撤销职务，并扣除全部效益奖和年终奖金；相反，对连续考核靠前的安全工程师和车间负责人，则进行相应奖励。使人人身上有责任，人人心中有动力，安全生产有保障。

5. 规范过程控制

制定严密的安全生产过程控制方案。在操作前，车间要与各相关班组沟通，制定安全防护方案。

要努力把安全技术措施、规程按照上级的要求和行业规定，做到技术可靠、经济上可行、实际操作简单、安全上有保障，使之成为工人易懂、技术上无漏洞的优良措施，并根据现场条件的变化及时修改、补充、完善技术措施。

然后，就是要监督现场，使各项安全技术措施落实到现场的各项工作中去，并对现场工作进行全面的指导，保证技术措施指导现场并服务于现场。

始终坚持日常化、规范化、精细化安全生产与质量管理，生产组织零违章、系统运行零隐患、执行制度零距离。

6. 从细节入手探索安全工作法

安全工作法除了包括现场安全确认、现场巡查、现场督促、班中点评、班后收工会等现场安全工作流程管控，还必须严格规定操作准备步骤，坚持以班前安全教育活动为特色的安全工作法。

另外，上岗前坚决杜绝喝酒，"上班前不能喝酒"要成为岗位管理的铁律。

7. 严格班组安全教育"五步骤"

班前安全教育立规矩，对每一名员工做实功、负真责。

（1）"相面"：通过点名对员工出勤、精神状态进行确认，状态不好的坚决不让上岗操作。

（2）灌输安全知识，以安全常识、事故案例等安全知识为内容，采取一日一题的学习方式，对员工进行考问。

（3）交代安全注意事项，在布置当班生产任务时，清楚交代上一班反馈的工作现场环境状况，合理分配当班岗位人员的工作任务。

（4）诵读安全理念，根据当前安全生产情况，诵读相关的安全理念，增强自主保安意识。

（5）安全宣誓，组织全班员工面对"全家福"照片牌板进行安全宣誓。

8. 亲情文化凝聚和谐团队

（1）企业要积极打造"亲情文化"，充分发挥家属第二道安全防线作用。家属写一句亲情寄语、寄一封家书，深入班组开展安全宣传、庆功演出，常讲安全课，勤吹枕边风，使之成为员工安全的"护身符"。

（2）积极开展班组"民生日记"活动。所谓"民生日记"，就是设在班组活动室的一块记事板，专门记录员工家庭生活中的为难事。在生活中讲亲情，多关爱，让班组像家一样温馨和谐，也使员工消除后顾之忧。

第四节　新员工安全教育培训

一、新员工安全训练要点

> 在所有的员工中最可能受到伤害的是"新进员工"。

因为新员工通常比老员工年轻和缺乏经验，而且通常未受过为了能安全和有效地完成其新工作所需的培训，而企业的安全文化尚很难为新员工所完全理解，另外，新员工试图证明其自身价值，有时会冒许多不必要的风险。

因此，企业培训部门应密切地关注新进员工，做好班组层级的新进员工安全培训。

（1）配合新进人员的工作性质与工作环境，提供其安全指导，可避免意外伤害的发生。安全训练的主要内容如下。

① 岗位操作规程；

② 安全防护知识；

③ 各种事件的处理原则与步骤，紧急救护和自救常识；

④ 车间内常见的安全标志、安全色；

⑤ 遵章守纪的重要性和必要性；

⑥ 工作中可能发生的意外事件及事故案例；

⑦ 经由测试，检查员工对"安全"的了解程度。

（2）有效的安全训练可达到以下目标：

① 新进人员感到他的工作岗位，已有基本保证；

② 建立善意与合作的基础；

③ 可防止在工作上的浪费，以免造成意外事件；

④ 人员可免于时间损失，而增加其工作能力；

⑤ 可减少人员损害补偿费及医药服务费用的支出；

⑥ 对建立企业信誉很有帮助。

为对新员工的安全教育状况有一个确切的了解，企业通常会设计新员工安全培训签到表（表2-1）、新员工入职三级教育记录卡等，班组长要留意这些记录。

二、新进人员安全培训方法

为了确保取得更佳的培训效果，企业还应该做到下面几点。

1. 制定安全目标和职责

为新进员工制定具体的安全目标和职责。没有具体的目标和职责，新员工就易

表 2-1　新员工安全培训签到表

日期			地点				
参加人员		新进人员	讲师				

培训主要内容：
　　本班组的生产在线的安全生产状况，工作性质和职责范围，岗位工种的工作性质、工艺流程，机电设备的安全操作方法，各种防护设施的性能和作用，工作地点的环境卫生及尘源、毒源、危险机件、危险物品的控制方法，个人防护用品的使用和保管方法，本岗位的事故教训。

参加人员一览表							
序号	姓名	工号	工种	序号	姓名	工号	工种

于忽视安全行为。

2. 师傅带徒弟

为新员工提供一名师傅，师傅应能承担一对一的培训，保证以可靠和正确的方式，将标准的实践方法和程序、合格的操作方法，以及全面的安全文化传授给新员工。

3. 指定一名"安全伙伴"

即使这位安全伙伴并不能在所有时间内都能和新员工一起工作，也应安排这位伙伴一日数次前来检查新员工的安全行为。这样，可使新老员工双方都得到提醒：安全是无处不在的。

4. 确保监督

应保证安全经理、工长甚至工厂领导能经常地进行直接检查。最糟糕的事情莫过于放纵新员工，只给他们极为有限的"受检次数"。上述人员直接检查员工是否正在安全地工作，可加深员工的印象。应该让新员工知道安全行为的重要性，以及企业确实在为安全操心。

5. 不要指望一蹴而就

经多次证明，指望一蹴而就常常是事情失败的原因。应当为新员工留出足够的时间来证实其经培训获得的技能，不可指望一次性的培训和演示就能做到十全十美。

6. 制定期望事项

可以期望新员工会养成所需的安全举止，表现出所需的安全行为和始终坚持所需的安全文化。可以采取双倍的检查，请另一人作为告诫人，再一次接受检查，每两周进行一次检查。除安全行为外，使新员工不再想其他事情，也是至关重要的。还应记住：在每天的例行工作中，老员工的一举一动都将成为新员工的榜样。

三、新员工的三级安全教育

三级安全教育是指对新进人员的厂级教育、车间级教育和班组级教育。新进人员（包括合同工、临时工、代训工、实习人员及参加劳动的学生等）必须进行不少于三天的三级安全教育，经考试合格后方可分配工作。三级安全教育的主要内容有以下几个方面。

1. 厂级安全教育

厂级安全教育一般由企业安全部门负责进行，主要内容包括以下几方面。

（1）讲解国家有关安全生产的方针、政策、法令、法规，劳动保护的意义、任务、内容及基本要求。

（2）介绍本企业的安全生产情况。

（3）介绍企业安全生产的经验和教训，结合企业和同行业常见事故案例进行剖析讲解，阐明伤亡事故的原因及事故处理程序等。

（4）提出希望和要求。如要遵守操作规程和劳动纪律，不擅自离开工作岗位；不违章作业，不随便出入危险区域及要害部位；要注意劳逸结合，正确使用劳动保护用品等。

新进人员必须百分之百进行厂级安全教育，教育后要进行考试，成绩不及格者要重新教育，直至合格，并填写《新进人员三级安全教育记录卡》（表2-2），厂级安全教育时间一般为8小时。

2. 车间级安全教育

各车间有不同的生产特点和不同的要害部位、危险区域和设备，因此，在进行本级安全教育时，应根据各自情况，详细讲解。

（1）介绍本车间生产特点、性质。

（2）根据车间的特点，介绍安全技术基础知识。

（3）介绍消防安全知识。

（4）介绍车间安全生产和文明生产制度。

车间级安全教育由车间主任和安监人员负责，一般授课时间为4～8小时。

3. 班组级安全教育

班组是企业生产的"前线"，生产活动是以班组为基础的。由于操作人员活动在班组，机具设备在班组，事故常常发生在班组，因此，班组安全教育非常重要。

班组级安全教育的内容如下：

（1）本班组作业特点及本工种安全操作规程；

表 2-2　新进人员三级安全教育记录卡

部门					序号	
					编码	
姓名		性别		年龄	录用形式	
体检结果		从何处来		省　县（　市）乡（　街）		
厂级教育（一级）	教育内容:国家、地方、行业安全健康与环境保护法规、制度、标准;本企业安全工作特点;工程项目安全状况;安全防护知识;典型事故案例等					
	考试日期			年　月　日		
	考试成绩		阅卷人		安全负责人	
车间级教育（二级）	教育内容:本车间生产特点及状况;工种专业安全技术要求;专业工作区域内主要危险作业场所及有毒、有害作业场所的安全要求和环境卫生、文明施工要求					
	考试日期			年　月　日		
	考试成绩		主考人		安全负责人	
班组级教育（三级）	教育内容:本班组、工种安全施工特点、状况;施工范围所使用工、机具的性能和操作要领;作业环境、危险源的控制措施及个人防护要求、文明施工要求					
	考试日期			年　月　日		
	掌握情况		安全员			
个人态度					年　月　日	
准上岗人意见				批准人		
备注						

注:调换工种或因故离岗六个月后上班也用此表考核。

（2）班组安全活动制度及安全活动要求;

（3）经常使用的设备、安全装置、工具、仪器的使用要求和预防事故;

（4）爱护和正确使用安全防护装置（设施），以及个人劳动防护用品的使用和维护知识;

（5）本岗位易发生事故的不安全因素及其防范对策;

（6）本岗位的作业环境及使用的机械设备、工具的安全要求;

（7）文明生产的要求及安全操作示范。

班组安全教育的重点是岗位安全基础教育，主要由班组长和安全员负责教育。安全操作法和生产技能教育，可由安全员、培训员或指定的师傅传授，授课时间为4～8小时。

新进人员只有经过三级安全教育，并经逐级考核全部合格后，方可上岗。三级安全教育成绩应填入员工安全教育卡，存档备查。

安全生产贯穿整个生产劳动过程中，而三级教育仅仅是安全教育的开端。新进人员只进行三级教育还不能单独上岗作业，还必须根据岗位特点，对他们再进行生产技能和安全技术培训。对特种作业人员，必须进行专门培训，经考核合格，方可持证上岗操作。另外，根据企业生产发展情况，还要对员工进行定期复训安全教育等。

第五节　安全培训实务

一、如何辨识安全色与对比色

1. 什么是安全色

安全色是表达安全信息的颜色，表示禁止、警告、指令、提示等意义。正确使用安全色，可以使人员能够对威胁安全和健康的物体及环境作出快速反应；迅速发现或分辨安全标志，及时得到提醒，以防止事故、危害发生。

2. 安全色使用标准

（1）红色。红色表示禁止、停止、消防和危险的意思。凡是禁止、停止和有危险的器件、设备或环境，应涂以红色的标记。

（2）黄色。黄色表示警示。警示人们应注意的器件、设备或环境，应涂以黄色的标记。

（3）蓝色。蓝色表示指令，必须遵守的规定。

（4）绿色。绿色表示通行、安全和提供信息的意思。凡是在可以通行或安全的情况下，应涂以绿色的标记。

（5）红色和白色相间隔的条纹。红色与白色相间隔的条纹，比单独使用红色更为醒目，表示禁止通行、禁止跨越的意思，用于公路、交通等方面所用的防护栏杆及隔离墩。

（6）黄色与黑色相间隔的条纹。黄色与黑色相间隔的条纹，比单独使用黄色更为醒目，表示特别注意的意思，用于起重吊钩、平板拖车排障器、低管道等方面。相间隔的条纹，两色宽度相等，一般为10mm。在较小的面积上，其宽度可适当缩小，每种颜色不应少于两条，斜度一般与水平成45°。在设备上的黄色、黑色条纹，其倾斜方向应以设备的中心线为轴，呈对称形。

（7）蓝色与白色相间隔的条纹。蓝色与白色相间隔的条纹，比单独使用蓝色更为醒目，表示指示方向，用于交通上的指示性导向标。

（8）白色。标志中的文字、图形、符号和背景色，以及安全通道、交通上的标线用白色。标示线、安全线的宽度不小于60mm。

（9）黑色。禁止、警告和公共信息标志中的文字、图形都应该用黑色。

在涂有安全色的部件，应经常保持清洁，如有变色、褪色等不符合安全色的颜色管理规定时，应及时重涂，以保证安全色的正确、醒目。半年至一年应检查一次。

3. 对比色

对比色是指使安全色更加醒目的反衬色。对比色有黑白两种颜色，黄色安全色的对比色为黑色；红、蓝、绿安全色的对比色均为白色，而黑、白两色互为对比色（表 2-3）。

表 2-3　对比色

安全色	相应的对比色
红色	白色
蓝色	白色
黄色	黑色
绿色	白色

使用对比色时，应注意以下事项。

（1）黑色用于安全标志的文字、图形符号，警示标志的几何图形和公共信息标志。

（2）白色作为安全标志红、蓝、绿色安全色的背景色，也可用于安全标志的文字和图形符号及安全通道、交通的标线及铁路站台上的安全线等。

（3）红色与白色相间的条纹比单独使用红色更加醒目，表示禁止通行、禁止跨越等，用于公路交通等方面的防护栏杆及隔离墩。

二、如何进行工伤急救

在生产现场作业中，经常会发生意外的人员伤害情况，企业培训部门必须培训教导员工了解基本的工伤急救知识，把损失降到最低点。

1. 火伤急救

火伤轻者用酒精涂抹灼伤处，重者必须用油类，如蓖麻油、橄榄油与苏打水混合，敷于其上并外加软布包扎，如水泡过大，不要切开；已破水的皮肤也不可剥去。

2. 皮肤创伤急救

（1）止血。

（2）清洁伤口，周围用温水或凉开水洗之，轻伤只要涂 2% 的红汞水。

（3）重伤用干净纱布盖上，用绷带绑起来。

3. 触电急救

救护前应以非导体木棒等，将触电的人推离电线，切不可用手去拉，以免传电；然后解开衣纽扣，进行人工呼吸，并请医生诊治。若局部触电，伤处应先用硼酸水洗净，然后贴上纱布。

4. 摔晕、中暑急救

将摔倒昏厥者平卧，胸衣解开，用冷水刺激面部；中暑者也先松解衣服，移至阴凉通风处平躺，头部垫高，用冷湿布敷额、胸，服用凉开水，呼吸微弱的可进行人工呼吸，醒后多饮清凉饮料，并送医院诊治。

5. 手足骨折急救

（1）为避免受伤部分移动，可先自制夹板夹住，最好用软质布棉作夹，托住伤处下部，长度足够及于两端关节所在，然后两边卷住手或脚，用布条或绷带绑紧。

（2）如为骨碎破皮，可用消毒纱布盖住骨部伤处，用软质棉枕夹住，立即送医院。

（3）如是怀疑手或脚折断，便不让他（她）用手着力或用脚走路，夹板或绷带不可绑得太紧，使伤处有肿胀余地。

三、如何进行生产用电安全培训

生产用电安全是基层管理的一个重要内容，应该认真落实生产用电安全管理规范，认真培训教导员工安全用电知识和应急处理方法。

1. 用电制度告知

（1）严禁随意拉设电线，严禁超负荷用电。

（2）电气线路、设备安装应由持证电工负责。

（3）下班后，该关闭的电源应予以关闭。

（4）禁止私用电热棒、电炉等大功率电器。

2. 规范操作培训内容

（1）检查应拉合的开关和刀闸。

（2）检查开关和刀闸位置。

（3）检查接地线是否拆除，检查负荷分配。

（4）装拆接地线。

（5）安装或拆除控制回路或电压互感器回路的保险器，切换保护回路和检验是否确无电压。

（6）清洁、维护发电机及其附属设备时，必须切断发电机的"功能选择"开关，工作完毕后恢复正常。

（7）在高压室内进行检修工作，至少有两人在一起工作，检测或检修电容和电缆前后应充分放电。

3. 事故处理方法

（1）变压器预告信号动作时，应及时查明原因，并马上报告上司。

（2）低压总开关跳闸时，应先把分开关拉开，检查无异常，试合总开关，再试合各分开关。

（3）油开关严重漏油时，应切断低压侧负荷，才可进行关闸。

（4）重瓦斯保护动作时，变压器应退出运行。

（5）电容开关自动跳闸时，应退出运行，检查后，确认无异常情况方可试送电。

四、如何进行特种作业人员安全培训

特种作业指的是在劳动过程中容易发生伤亡事故，对操作者和他人以及周围设施的安全有重大危害因素的作业。

1. 特种作业人员的要求

特种作业人员必须具备以下基本条件：

（1）年龄满 18 周岁；

（2）身体健康，无妨碍从事相应工种作业的疾病和生理缺陷；

（3）初中（含初中）以上文化程度，具备相应工种的安全技术知识，参加国家规定的安全技术理论和实际操作考核并成绩合格；

（4）符合相应工种作业特点需要的其他条件。

2. 特种作业人员的教育培训

特种作业人员必须接受与本工种相适应的、专门的安全技术培训，经过安全技术理论考核和实际操作技能考核合格，取得特种作业操作证后，方可上岗作业。

五、如何进行调岗与复工安全培训

1. 调岗员工安全教育

（1）岗位调换。员工在车间内或厂内换工种，或调换到与原工作岗位操作方法有差异的岗位，以及短期参加劳动的管理人员等，这些人员应由接收部门进行相应工种的安全生产教育。

（2）教育内容。可参照"三级安全教育"的要求确定，一般只需进行车间、班组级安全教育，但调做特种作业人员，要经过特种作业人员的安全教育和安全技术培训，经考核合格取得操作许可证后方准上岗作业。

2. 复工安全教育

复工安全教育的对象包括因工伤痊愈后的人员及各种休假超过 3 个月以上的人员。

（1）工伤后的复工安全教育

① 对已发生的事故作全面分析，找出发生事故的主要原因，并指出预防对策。

② 对复工者进行安全意识教育、岗位安全操作技能教育，以及预防措施和安全对策教育等，引导其端正思想认识，正确吸取教训，提高操作技能，克服操作上的失误，增强预防事故的信心。

（2）休假后的复工安全教育。员工常因休假而造成情绪波动、身体疲乏、精神分散、思想麻痹，复工后容易因意志失控或者心境不定而产生不安全行为导致事故发生。

因此，要针对休假的类别，进行复工"收心"教育，也就是针对不同的心理特点，结合复工者的具体情况，消除其思想上的余波，有的放矢地进行教育，如重温本工种安全操作规程，熟悉机器设备的性能，进行实际操作练习等。表2-4是某工厂的节后复工安全作业教育，仅供参考。

表 2-4　节后复工安全作业教育

工段名称		时间	
施工班组		工种	
春节已过,班组施工人员及新增员工正投入工作现场。此阶段个人思想比较松散,易发生作业人员违章事故,因此必须要加强教育培训和管理,增强施工人员安全意识和技能,增强自我保护意识和能力。 (1)所有进场施工人员必须持证上岗。 (2)所有进场施工人员必须戴好安全帽,系好帽扣。每天上岗前各施工班组负责人必须进行必要的安全交接。 (3)施工班组在现场严禁动用明火,在易燃部位放置消防器材。消防器材不准任意使用,不准任意移位。在现场严禁吸烟,禁止酒后作业。 (4)在登高作业时使用的推车、撑梯(必须使用木梯子)必须平稳、牢固。在临边、洞口操作要进行必要围护,同时上下要兼顾,严禁上下抛物。 (5)穿线时必须戴防护眼镜,以防眼睛受伤。 (6)在施工过程中,如不能正确判断有无安全性,则应立即停工汇报,待安全排除确认后方可施工。 (7)班组长不准违章指挥,施工人员不准违章作业。 (8)注意文明施工,随做随清,每天的操作垃圾集中到指定地点堆放。 (9)宿舍区域禁煮饭菜,并有专人负责宿舍内外卫生清洁工作。			
受教育人签名			

注：本表一式三份，一份留存，一份班组保存，一份交公司保管。

对于因工伤和休假等超过3个月的复工安全教育，应由企业各级分别进行。经过教育后，由劳动人事部门出具复工通知单，班组接到复工通知单后，方允许其上岗操作。对休假不足3个月的复工者，一般由班组长或班组安全员对其进行复工教育。

第三章
机械设备使用安全管理

Chapter 03

第一节　机械设备安全基础知识

一、机械设备的危险点

危险点指的是在作业中有可能发生危险的地点、场所、部位、动作或工、器具等。机械设备的危险点指的是在使用机械设备时有可能发生危险的部位。通常生产活动中运转的机械设备具有较多的运动部位，因而员工在作业过程中被机械运动狭窄点、夹进点、剪断点、衔接点、转折点、回转卷入点等引发事故的危险率非常高。

1. 狭窄点

狭窄点指的是机械往返运动的部位与固定部位之间形成的危险点，例如压榨机的上部模具和下部模具之间的狭窄位置（图 3-1）。

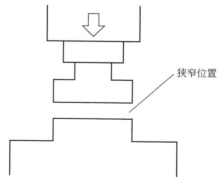

狭窄位置

图 3-1　狭窄点

2. 夹进点

夹进点指的是机械的固定部分与回转运动部分一起形成的危险点，例如磨床与作业台之间的夹进部位（图 3-2）。

3. 剪断点

剪断点是指因回转的运动部分自身与运动着的机械本身而形成的危险点。例

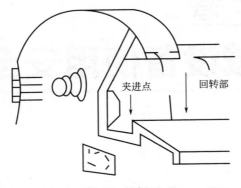

图 3-2　夹进点

如，木材加工用的圆锯齿、木工用的弓锯齿等（图 3-3）。

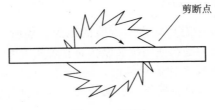

图 3-3　剪断点

4. 衔接点

衔接点指的是回转的两个回转体，互相以相反方向衔接而在其部位上发生的危险点，例如，滚轴的衔接或齿轮的衔接部位等（图 3-4）。

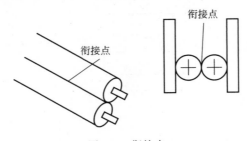

图 3-4　衔接点

5. 转折点

转折点指的是回转部分向运动方向转折的部位上发生的危险点，例如 V 形带、链带平带的转折点等（图 3-5）。

6. 回转卷入点

回转卷入点指的是回转的物体上，工作服、头发等可能被卷入的危险部分。例如回转轴、电动螺杆等（图 3-6）。

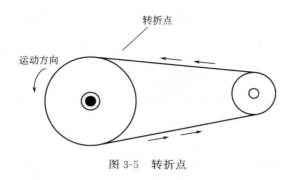

图 3-5　转折点

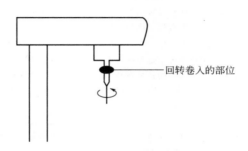

图 3-6　回转卷入点

二、机械设备的危险类型

操作人员想要防止机械设备发生危险，最重要的就是必须对机械产生的危险类型非常熟悉。机械设备产生的危险类型主要包括 8 种（表 3-1）。

表 3-1　机械设备的危险类型

序号	类型	危险因素
1	机械危险	因机械设备及其附属的零件、构件、工件、工具或者飞溅流体和固体物质等的机械能作用，产生伤害的各种物理因素，以及与机械设备有关的滑绊、倾倒和跌落危险
2	电气危险	电气危险主要有电击、燃烧和爆炸三种形式，具体包括人体与带电体的直接接触；人体接近带高压电体；带电体绝缘不充分产生漏电、静电等现象；短路或过载引起的熔化粒子喷射热辐射和化学效应
3	噪声危险	主要有机械噪声、电磁噪声和空气动力噪声。其造成的危害有以下三种： （1）听觉受损 （2）生理、心理受到影响。一般 90dB 以上的噪声就会对神经系统、心血管系统等造成明显影响；低噪声容易使人产生烦躁、精神压抑等不良心理反应 （3）干扰语言通信和听觉信号而引发的其他类别的危险
4	振动危险	振动对人体生理和心理都会造成一定的影响，如造成损伤和病变

序号	类型	危险因素
5	辐射危险	(1)电波辐射:低频辐射、无线电射频辐射和微波辐射 (2)光波辐射:主要包括红外线辐射、可见光辐射和紫外线辐射 (3)射线辐射:X 射线和 Y 射线辐射 (4)粒子辐射:主要包括 d、p 粒子射线辐射、电子束辐射、离子束辐射和中子辐射等 (5)激光辐射:能够杀伤人体细胞和机体内部的组织,轻者会引起各种病变,重者会导致死亡
6	温度危险	通常将 29℃以上的温度称为高温,零下 18℃以下的温度称为低温。高温对人体的影响有高温烧伤、烫伤,高温生理反应,高温引起的燃烧或爆炸;低温对人体的影响有低温冻伤和低温生理反应
7	材料和物质产生的危险	使用机械加工过程的所有材料和物质。例如:构成机械设备、设施自身(包括装饰、装修)的各种物料;加工使用、处理的物(包括原材料、燃料、辅料、催化剂、半成品和产成品);剩余和排出物料,也就是生产过程中产生、排放和废弃的物料(包括气、液、固态物)
8	未符合安全人机学原则产生的危险	机械设计或环境条件未符合安全人机学原则的要求,与人的生理或心理特征、能力存在不协调之处,可能会产生以下危险: (1)对生理的影响:负荷(体力负荷、听力负荷、视力负荷等其他负荷)超过人的生理范围,长期处于静态或动态型操作姿势、劳动强度过大或过分用力导致的危险 (2)对心理的影响:对机械进行操作、监视或维护而造成精神负担过重或准备不足、紧张等而产生的危险 (3)对人操作的影响:表现为操作出现偏差或失误而导致的危险等

三、机械设备的伤害类型

在班组生产的现场中,机械设备对人体造成伤害的类型,主要包括挤压、剪切和冲撞,飞出物打击,卷入和碾压,卷入和绞缠,碰撞和剐蹭,跌倒和坠落,物体坠落打击,切割和擦伤,具体见表 3-2。

表 3-2　机械设备的伤害类型

序号	类型	表现
1	挤压剪切冲撞	此类伤害通常是由于做往复直线运动的零部件所引起,比如相对运动的两部件之间,运动部件与静止部分之间由于安全距离不够产生的夹挤,做直线运动部件的冲撞。直线运动有横向运动和垂直运动
2	飞出物打击	(1)由于发生断裂、松动、脱落或弹性位能等机械能的释放,使失控的物件飞甩或反弹出去,对人造成伤害。例如高速运动的零件破裂碎块甩出;切削废屑的崩甩等 (2)弹性元件的位能引起的弹射。例如,弹簧、皮带等的断裂

序号	类型	表现
3	卷入和碾压	其伤害主要是机械相互配合的程度大小所决定的,例如,相互啮合的齿轮之间,齿轮与齿条之间,皮带与带轮、链与链轮进入啮合部位的夹紧点,两个做回转运动的辊子之间的夹口引发的卷入;滚动的旋转件引发的碾压,比如轮子与轨道、车轮与路面等
4	卷入和绞缠	这种伤害主要是由做回转运动的机器部件(如轴类零件)所引起,包括联轴节、主丝杠等;回转件上的凸出物和开口,例如轴上的凸出键、螺栓或销,圆状零件(链轮、齿轮、带轮)的轮辐、手轮上的手柄等,在运动情况下,将人的头发、饰物、衣袖或下摆卷缠从而引起的伤害
5	碰撞和剐蹭	机械结构上的凸出、悬挂部分(例如起重机的支腿、吊杆,机床的手柄等),长、大加工件伸出机床的部分等产生碰撞和剐蹭
6	跌倒和坠落	由于地面堆物无序或地面凹凸不平导致的磕绊跌伤,接触面摩擦力过小(光滑、油污、冰雪等)造成的打滑、跌倒。人从高处失足坠落,误踏入坑井坠落;电梯悬挂装置破坏,轿厢超速下行,撞击坑底对人员造成的伤害
7	物体坠落打击	处于高位置的物体意外坠落造成的伤害。例如,高处掉下的零件、工具或其他物体(哪怕是很小的);悬挂物体的吊挂零件破坏或夹具夹持不牢引起物体坠落;由于质量分布不均衡,重心不稳,在外力作用下发生倾翻、滚落;运动部件运行超行程脱轨导致的伤害等
8	切割和擦伤	(1)切削刀具的锋刃,零件表面的毛刺,工件或废屑的锋利飞边,机械设备的尖棱、利角和锐边 (2)粗糙的表面(如砂轮、毛坯)等,无论物体的状态是运动的还是静止的,这些粗糙物体产生的危险都会对人造成伤害

四、机械设备的不安全状态

机器在按规定的使用条件下执行其功能的过程中,以及在运输、安装、调整、维修、拆卸和处理时,都可能会对人员造成损伤或对健康造成危害。这种伤害在机器使用的任何阶段和各种状态下都有可能发生。

1. 正常工作状态的危险因素

在机械完好的情况下,机械完成预定功能的正常运转过程中,存在着各种不可避免的,但却是执行预定功能所必须具备的运动要素,有些可能产生危害后果。例如,大量形状各异的零部件的相互运动、刀具锋刃的切削、起吊重物、机械运转的噪声等,在机械正常工作状态下存在着碰撞、切割、重物坠落、使环境恶化等对人身安全不利的危险因素。

2. 非正常工作状态的危险因素

在机械运转过程中,由于各种原因(人员操作失误、动力突然丧失或外界干扰等)引起的意外状态。例如,意外启动、运动或速度变化失控,外界磁场干扰使信号失灵,瞬时大风造成起重机倾覆倒地等。机械的非正常工作状态是没有先兆的,会直接导致或轻或重的事故危害。

3. 故障状态的危险因素

故障状态指的是机械设备（系统）或零部件丧失了规定功能的状态。

（1）对所涉及的安全功能影响很小的部分故障，不会出现大的危险。例如，当机械的动力源或某零部件发生故障时，使机械停止运转，处于故障保护状态。

（2）有些故障会导致某种危险状态。例如，由于电气开关故障，会产生不能停机的危险；砂轮轴的断裂，会导致砂轮飞甩的危险；速度或压力控制系统出现故障，会导致速度或压力失控的危险等。

4. 非工作状态的危险因素

机械停止运转处于静止状态时，在正常情况下，机械基本是安全的，但不排除由于环境照度不够，导致人员与机械悬凸结构的碰撞；结构垮塌；在风力作用下，室外机械的滑移或倾覆；易燃、易爆原材料的堆放燃烧引起爆炸等。

5. 检修保养状态的危险因素

检修保养状态指的是对机械进行维护和修理作业时（包括保养、修理、改装、翻建、检查、状态监控和防腐润滑等）机械的状态。

尽管检修保养一般在停机状态下进行，但在作业中检修人员往往需要攀高、钻坑、将安全装置短路、进入正常操作禁止进入的危险区，使得检修保养作业出现危险性。

五、机械设备的危险因素

在制造企业生产现场中，因机械设备引发的安全事故不在少数，作为操作人员要对机械设备的不安全状态做到十分熟悉，发现后第一时间予以处理。

1. 防护、保险、信号等装置缺乏或有缺陷

防护、保险、信号等装置缺乏或存在缺陷，主要有以下两种情况。

（1）无防护。无防护罩、无防护栏或防护栏损坏，设备电气未接地，绝缘不良，无限位装置等。

（2）防护不当。防护罩没有在适当位置，防护装置调整不当，安全距离不够，电气装置带电部分裸露等。

2. 设备、设施、工具、附件有缺陷

设备、设施、工具、附件有缺陷，主要包括以下几种情况。

（1）设备在非正常状态下运行。故障设备仍然运转、超负荷定转等。

（2）维修、调整情况不合格。设备失修、保养不当、设备失灵、未加润滑油等。

（3）强度不够。机械强度不够、绝缘强度不够、起吊重物的绳索未达到安全要求等。

（4）设计不当，结构不符合安全要求，制动装置有缺陷，安全间距不够，工件上有锋利毛刺、毛边，设备上有锋利倒棱等。

3. 个人防护缺陷

个人防护用品、用具、防护服、手套、护目镜及面罩、呼吸器官护具、安全帽、安全鞋等缺少或有缺陷。主要有两种情况：一是所用防护用品、用具不符合安全要求；二是无个人防护用品、用具。

4. 生产场地环境不良

一般包括以下几种情况。

（1）通风不良、无通风、通风系统效率低等。

（2）照明光线不良，包括照度不足，作业场所烟雾灰尘弥漫、视物不清，光强，有眩光等。

（3）作业场地杂乱，工具、制品、材料堆放不安全。

（4）作业场所狭窄。

（5）操作工序设计或配置不安全，交叉作业过多。

（6）地面有油或其他液体，有冰雪，地面有易滑物，如圆柱形管子、滚珠等。

（7）交通线路的配置不安全。

（8）储存方法不安全，物品堆放过高、不稳。

六、机械设备的设计缺陷

机械设备的设计缺陷是指机械设备本身所具有的不安全因素。这些缺陷是一种潜在危险，其产生的主要原因如下。

（1）设计不合理，特别是那些只满足使用功能要求，而忽视职业安全卫生、人机工程等方面要求的，带有"先天不足"的机械设备尤为严重。如图 3-7 所示为设计不合理的插座。

图 3-7　设计不合理的插座

（2）加工制造、装配等质量低劣，而又未按国家有关技术法规、标准进行严格检验、论证。

（3）维护保养不当或设备陈旧、"超期服役"，以及存在故障而未即时修理等。

七、金属切割伤害类型

金属切削加工（图 3-8）常见的伤害事故，主要包括以下几种。

图 3-8　金属切削加工

1. 刺割伤

操作人员使用较锋利的工具刃口，如金属加工车间里正在工作着的车、铣、刨、钻等机床的刀具，能对未加防护的人体部位造成极大伤害。

2. 物体打击

车间的高空落物，工件或砂轮高速旋转时沿切线方向飞出的碎片，往复运动的冲床、剪床等，可导致人员受到打击伤害。

3. 绞伤

机床旋转的皮带、齿轮和正在工作的转轴都可导致绞伤。

4. 烫伤

切削加工下来的切屑崩溅到人体暴露部位上导致人员烫伤。

八、运输机械伤害类型

造成运输机械伤害的原因有三个方面，如表 3-3 所示。

表 3-3　造成运输机械伤害的原因

序号	原因类别	主要因素说明
1	操作因素	（1）装卸方式不当、捆绑不牢造成的脱钩、起重物散落或摆动伤人 （2）违反操作规程，如超载、人处于危险区工作等造成的人员伤亡和设备损坏，以及因司机不按规定使用限重器、限位、制动器或按规定归位、锚定造成的超载、过卷扬、出轨、倾翻等事故 （3）指挥不当、动作不协调造成的碰撞等

续表

序号	原因类别	主要因素说明
2	设备因素	(1)设备操纵系统失灵或安全装置失效而引起的事故,如制动装置失灵而造成重物的冲击和夹挤 (2)电气设备损坏而造成的触电事故
3	环境因素	(1)因雷电、阵风、龙卷风、台风、地震等强自然灾害造成的倒塌、倾翻等设备事故 (2)因场地拥挤、杂乱造成的碰撞、挤压事故 (3)因亮度不够和遮挡视线造成的碰撞事故等

第二节　机械设备安全管理实务

一、机械传动装置安全事项

传动装置要求遮蔽全部运动部件,以隔绝身体任何部分与之接触。主要防护措施如下。

(1)裸露齿轮传动系统必须加装防护护罩。

(2)凡离地面高度在2米以下的链传动,必须安装防护罩,在通道上方时,下方必须设有防护挡板,以防链条断裂时落下伤人。

(3)传动皮带的危险部位采用防护罩,尽可能立式安装;传动皮带松紧要适当。

二、冲剪压机械安全事项

冲剪压设备关键的是要有良好的离合器和制动器,使其在启动、停止和传动制动上十分可靠;其次,要求机器有可靠的安全防护装置,安全防护装置的作用是保护操作者的肢体进入危险区时,离合器不能合上或者压力滑块不能下滑。常用的安全防护装置有防打连车装置、压力机安全电钮、双手多人启动电钮等。

(1)防打连车装置。就是利用凸轮机进行锁定与解脱,来防止离合器的失灵,使用时在每一次冲压操作中必须要松开踏板,才能开始下一行程,否则,压力机不动作。

(2)压力机安全电钮。工作原理是按电钮一次,压力机滑块只动作一个行程而不连续运转,可以起到保护操作者手的作用。

(3)双手或多人启动装置。其作用是操作者双手同时动作方能启动。这样就把双手从危险区抽出来,防止单手操作时出现一只手启动,另一只手还在危险区的情况,多人启动则是防止配合失误造成伤害。

三、金属切割加工安全事项

（1）穿紧身防护服，袖口不要敞开；留长发的，要戴防护帽；操作时不能使用手套，以防高速运转的部件绞缠手套而把手带入机械，造成伤害。

（2）在机床主轴上装卸卡盘应在停机后进行，切勿用电动机的力量切下卡盘。

（3）切削形状不规则的工件时，应装平衡块，并试转平衡后再进行切削。

（4）刀具装夹要牢靠，刀头伸出部分不要超出刀体高度的 1.5 倍，垫片的形状、尺寸应与刀体形状、尺寸相一致，垫片应尽可能少而平。

（5）除了装有运转中自动测量装置的车床外，其他车床均应停车测量工件，并将刀架移动到安全位置。

（6）对切削下来的带状或螺旋状的切屑，应用钩子及时清除，不准用手拉。

（7）操作车床时，应在合适的位置上安装透明挡板，以防止崩碎切屑伤人。

（8）用砂轮打磨工件表面时，应把刀具移到安全位置，避免让衣服和手接触工件表面。加工内孔时，不可用手指支撑砂轮，应用木棍支撑，同时速度要适当。

（9）为防止切屑崩碎伤人，应在合适的位置上安装透明挡板。

（10）夹持工件的卡盘、拨盘、鸡心夹的凸出部分最好使用防护罩，以免绞住衣服及身体的其他部位。如无防护罩，操作时应注意保持安全距离。

（11）用顶尖装夹工件时，顶尖与中心孔应完全一致，不能用破损或歪斜的顶尖。使用前应将顶尖和中心孔擦净，后尾座顶尖要顶牢。

（12）禁止把工具、夹具或工件放在车床床身上和主轴变速箱上。

四、冲压机械作业安全事项

（1）机器的旋转轴、传送带等旋转部位要加防护罩、安全护栏、安全护板等直接防护装置，拆掉这些安全装置时，必须经上级批准。

（2）为防止身体等不慎碰触启动键而使其启动，启动键应加以防护，可以做成外包式或凹陷式。

（3）作业时，穿戴合适的工作服、戴安全帽、穿防砸鞋等，不得穿裙子、戴手套、围巾，长发不能露在帽外，不得佩戴悬吊饰物。

（4）作业前检查服装是否有被卷入的危险（脖子上缠的毛巾、上衣边、裤角等）。

（5）保证作业必要的安全空间。

（6）机器开始运转时，严格实行规定的信号。

（7）机器运转时，禁止用手调整或测量工件，禁止用手触摸机器的旋转部件。

（8）清理铁屑等接近危险部位的作业时应使用夹具（如搭钩、铁刷等）。

（9）停机进行清扫、加油、检查和维修保养等作业时，必须锁定该机器的启动装置，并挂警示标志。

（10）发觉危险时，立即操作紧急停车键。

五、冲压机械操作规范

（1）每日作业前，检查冲压机（离合器、制动器、安全装置），出现问题应立即进行修补，确保完好。

（2）整理好工作空间，清理一切不必要的物件，以防工作时震落到开关上，造成冲床突然启动发生事故。

（3）依照安全操作规程进行作业。

（4）整理好机器周围空间，清理地上杂物，以防工作时滑跌或绊倒。

（5）停机检修或因其他原因停机时，应使用安全片或安全塞，防止意外滑动事故，并在明显处悬挂警告牌。

（6）绝对不能私自拆除安全装置或使其功能失效。

（7）服装要整齐，使用指定的作业工具和劳保用品（安全帽、手套、工具夹等）。

（8）两人以上共同作业时，需设置两个以上开关，同时启动时才能有效。

（9）身体不适、疲惫时，禁止作业。

（10）定期检修安全装置。

六、起重运输机械安全事项

起重运输机械操作安全防范措施，主要包括以下几种。

（1）起重、运输作业人员必须经有资格的培训单位培训并考试合格，取得特种作业人员操作证后，才能上岗。

（2）起重运输机械必须设有安全装置。

（3）严格检验和修理起重运输机件，需报废的应立即更换。

（4）建立健全维护保养、定期检验、交接班制度和安全操作规程。

（5）起重机运行时，禁止任何人上下起重机。

（6）起重机悬臂能够伸到的区域禁止站人。

（7）吊运物品时，禁止从有人的区域上空经过，吊物上严禁站人，不能对吊挂物进行加工。

（8）不能在设备运行中检修。

（9）起吊的东西不能在空中长时间停留，特殊情况下应采取安全保护措施。

（10）开始作业前必须先打铃或报警，操作中接近人时，应给予持续打铃或报警。

（11）按指挥信号操作，对紧急停车信号，必须严格听从，立即执行。

（12）确认起重机上无人时，才能闭合主电源进行操作。

（13）工作中突然断电时，应将所有控制器手柄扳回零位，重新工作前，应检查起重机是否工作正常。

（14）在轨道上作业的起重机工作结束后，应将起重机锚定住，当风力大于 6

级时，一般应停止工作，并将起重机锚定住。

七、生产性利器使用安全事项

生产性利器指的是在生产过程中，需要使用的、带有伤害性和危险性的器具。常见的生产性利器有刀片、剪刀、剪钳、缝纫针、注射器、针头、镊子、螺钉旋具、金属钩、锥子等。利器必须进行严格的管理，否则就可能会导致利器遗失、利器伤人，以及利器的残缺部分遗失在产品里造成伤害事故。

1. 了解现场需用的利器

班组长应对自己所管理的现场需要用到哪些利器心中有数。为便于管理，可以设计一些现场利器清单（表3-4）来加以管理。

表 3-4　现场利器清单

部门：　　　　　　　　　　　　　　　　　　　　编号：

序号	利器名称	编号	数量	备注

2. 利器的领取

（1）由班组长到部门利器管理员处统一领取，并负责使用及保管。

（2）上班前或需要使用利器时，员工必须向班组长领取，并记录于"利器收发记录表"（表3-5）中，工作期间由员工自行保管。员工辞职后必须将利器交回班组长处，由班组长仔细核对利器是否完整。

3. 利器的使用管理

（1）安装好利器的固定绳和固定环，使用时可用绳索绑定在工作台上。

（2）利器只能由指定的人员在指定的空间范围内使用，并严格按有关规定方法及步骤使用。

（3）任何使用利器的工人如需离开车间，必须向班组长交回所使用的利器。

（4）禁止任何有锋利刀口的器械流出车间，严禁使用规定以外的利器。

（5）成品包装车间不得使用利器。

表 3-5　利器收发记录表

部门：　　　　　　　　日期：　　　　　　　　利器管理员：

利器名称编号	上午			下午			加班			利器损坏遗失状况
	发出	回收	使用者	发出	回收	使用者	发出	回收	使用者	

利器编号：A. 剪钳；B. 剪刀；C. 刀片；D. 缝纫针；E. 注射器和针头；F. 镊子；G. 螺钉旋具；H. 金属钩；I. 锥子

（6）班组长每 2 小时对现场使用利器情况进行一次巡查，巡查内容包括利器是否符合认可的规格，捆绑方式，利器是否断裂、生锈等，并做好记录，见表 3-6。

表 3-6　利器巡查记录表

序号	时间	利器记录							巡查人
		利器编号	利器名称	使用部门	是否违规使用	是否损坏	收发记录	备注	

注：不定时抽查，如实记录。

若发现异常情况，如利器有残缺且无记录，应立即上报。

4. 利器的更换

利器的更换，就是当利器出现问题，如不锋利、生锈、断裂等时，要立即报告班组长，舍坏取好。

当利器断裂时，员工必须立即将断裂的利器用胶纸粘在一起完整地交回班组长，班组长每 3 天将需要更换的利器交部门主管审查批准后，再交由利器管理员进行更换，同时必须填写"利器更换记录表"（表 3-7）。利器管理员将废弃的利器收集于专用筒内。

表 3-7　利器更换记录

部门：　　　　　　　更换日期：　　　　　　　编号：

日期	利器名称	利器编号	数量/只	利器状态描述	断片记录

主管：

5. 利器遗失的处理

利器遗失时，必须及时找回；找不到时，必须对现场生产的产品进行隔离查找，直至找到为止，并追究相关人员责任。

6. 利器的回收处理

利器更换或收回时，如果有折断或破碎情况，必须要收集所有破损部分；如果破损部分未收回，则应对产品进行隔离。事发现场的班组长要组织和监督本班组先进行人人自检，力求追回破损的利器部分；如果未追回，所有产品必须返工，直到找到为止，并追究相关人员责任。收集的破损利器每月统一进行处理。

八、杜绝人为造成的安全风险

在生产现场中，操作者有意或者无意的不安全行为，同样会导致机器设备发生事故。主要有以下几种情况。

（1）操作错误、忽视安全、忽视警告，包括未经许可擅自开动、关停、移动机器，或者关停机器时未给信号；开关未锁紧，造成意外转动；忘记关闭设备；忘记警告标志、警告信号；操作错误（如按错按钮或阀门、扳手、把柄的操作方向相反）；供料或送料速度过快，机械超速运转；冲压机作业时手伸进冲模；违章驾驶机动车；工件刀具紧固不牢；用压缩空气吹铁屑等。

（2）使用不安全设备。临时使用不牢固的设施，如工作梯，使用无安全装置的设备，拉临时线不符合安全要求等。

（3）机械运转时加油、修理、检查、调整、焊接或清扫。

（4）造成安全装置失效。拆除了安全装置，安全装置失去作用，调整错误造成安全装置失效。

（5）用手代替工具操作。用手代替手动工具，用手清理切屑，不用夹具固定，用手拿工件进行机械加工等。

（6）攀、坐不安全位置（如平台护栏、吊车吊钩等）。

（7）物体（成品、半成品、材料、工具、切屑和生产用品等）存放不当。

（8）穿戴不安全装束。如在有旋转零部件的设备旁作业时，穿着过于肥大、宽松的服装，操纵带有旋转零部件的设备时戴手套，穿高跟鞋、凉鞋或拖鞋进入车间作业等。

（9）在必须使用个人防护用品、用具的作业或场合时，忽视其使用，如未戴各种个人防护用品。

（10）无意或为排除故障而接近危险部位，如在无防护罩的两个相对运动零部件之间清理卡住物时，可能造成挤伤、夹断、切断、压碎或人的肢体被卷进机器。这种伤害除了机械结构设计不合理外，也是违章作业所致。

第四章
电气作业安全管理

Chapter 04

第一节　电气作业安全管理基础知识

一、电气作业安全管理的内容

电气作业安全管理措施的内容很多，主要可以归纳为以下几个方面的工作。

1. 管理机构和人员

电工既是特殊工种，又是危险工种，存在较多不安全因素，同时，随着生产的发展，企业电气化程度不断提高，用电量迅速增加，专业电工日益增多，分散在全厂各部门，所以，电气安全管理工作是电气作业里非常重要的一环。为了做好电气安全管理工作，不仅技术部门应当有专人负责电气安全工作，就连动力部门和电力部门也应该有专人负责用电安全工作。

2. 规章制度

规章制度是人们从长期生产实践中总结得出的操作规程，是保障安全、促进生产的有效手段。安全操作规程、电气安装规程，运行管理、维修制度，以及其他规章制度都与安全有直接的关系。

3. 电气安全检查

电气设备长期带缺陷运行和电气工作人员违章操作是发生电气事故的重要原因。为了及时发现缺陷和排除隐患，电气工作人员除了遵守安全操作规程，还必须建立一套科学的、完善的电气安全检查制度并严格执行。

4. 电气安全教育

电气安全教育是为了使工作人员了解关于电的基本知识，认识安全用电的重要性，同时掌握安全用电的基本方法，从而能安全地、有效地进行工作。

（1）对于新入厂的工作人员，必须要接受厂、车间、生产小组等三级安全教育的培训。

（2）对于一般员工，应要求懂得电和安全用电的基本常识。

（3）对于使用电气设备的一般生产工人，不仅要懂得一般电气安全知识，还要懂得相关的安全规程。

（4）对于独立工作的电气工作人员，除了要懂得电气装置在安装、使用、维护、检修过程中的安全要求，还要熟知电气安全操作规程，学会电气灭火的方法，掌握触电急救的技能，通过该方面的考试，取得合格证明。

（5）对于新参加电气工作人员、实习人员和临时参加劳动人员，必须授予安全知识教育后，方可到现场随同参加指定的工作，但不得单独工作。

5. 安全资料

安全资料是做好安全工作的重要依据。平时应多收集和保存相关的技术资料，以备不时之需。

（1）建立高压系统图、低压布线图、全厂架空线路和电缆线路布置图等其他图形资料，有助于人们日常的工作和检查。

（2）重要设备应单独建立资料，每次检修和试验记录应作为资料保存，以便核对。

（3）设备事故和人身事故需一同记录在案，警惕他人。

（4）注意收集国内外电气安全信息，分类归档，推广宣传。

二、电气安全作业工作制度

在电气设备上工作，保证安全的制度措施有以下几个方面。

1. 工作票制度

（1）工作票的方式。在电气设备上工作，应填用工作票或按命令执行，其方式有下列三种。

① 第一种工作票。其工作内容为：

a. 高压设备上工作需要全部或部分停电的；

b. 高压室内的二次接线和照明等回路上的工作，需要将高压设备停电或采取安全措施的。

第一种工作票的格式如表 4-1 所示。

② 第二种工作票。其工作内容为：

a. 在带电作业和带电设备外壳上的工作；

b. 在控制盘和低压配电盘、配电箱、电源干线上的工作；

c. 在二次接线回路上的工作；

d. 在高压设备停电的工作；

e. 在转动中的发电机，同期调相机励磁回路或高压电动机转子电阻回路的工作；

f. 在当值值班人员用绝缘棒，电压互感器定相或用钳形电流表测量高压回路电流的工作。

第二种工作票的格式如表 4-2 所示。

表 4-1　第一种工作票

```
1. 负责人(监护人):_____          班组:_____
2. 工作班人数:共____人
3. 工作内容和工作地点:_____
4. 计划工作时间:自____年__月__日__时__分至____年 __月__日__时__分
5. 安全措施:_____
6. 许可开始工作时间:____年__月__日__时__分
工作负责人签名:_____          工作许可人签名:_____
7. 工作负责人变动:
原工作负责人:_____     现工作负责人:_____
变动时间:____年__月__日__时__分
工作票签发人签名:_____
8. 工作票有效期延长至:____年__月__日__时__分
工作负责人签名:_____
值班长(值班负责人)签名:_____
9. 工作结束:
工作班人员已全部撤离,现场已清理完毕。
其结束时间:____年__月__日__时__分
接地线共____组已拆除。
工作负责人签名:_____          工作许可人签名:_____
值班负责人签名:_____
10. 备注:
```

表 4-2　第二种工作票

```
编号:_____
1. 工作负责人(监护人):_____
班组:
工作人员:
2. 工作任务:
3. 计划工作时间:自____年__月__日__分至____年__月__日__时__分
4. 工作条件(停电或不停电):_____
5. 注意事项(安全措施):_____
工作票签发人签名:_____
6. 许可开始工作时间:____年__月__日__时__分
工作许可人(值班员)签名:_____
工作负责人签名:_____
7. 工作结束时间:____年__月__日__时__分
工作许可人(值班员)签名:_____
工作负责人签名:_____
8. 备注:_____
```

③ 口头或电话命令。口头或电话命令用于第一和第二种工作票以外的其他工作。口头或电话命令,必须清楚正确。值班员应将发令人、负责人及工作任务详细记入操作记录表中,并向发令人复诵核对一遍。

（2）工作票的填发要求

① 工作票一式两份，一份必须保存在工作地点，由工作负责人收执；另一份由值班员收执，按时移交。若在无人值班的设备上工作时，第二份工作票由工作许可人收执。

② 每项工作只能发一张工作票。

③ 工作票上所列的工作地点，以一个电气连接部分为限。如施工设备属于同一电压、位于同一楼层、同时停送电，且不会触及带电导体时，可允许几个电气连接部分共用一张工作票。

④ 在几个电气连接部分上，依次进行不停电的同一类型的工作，可以发给一张第二种工作票。

⑤ 若一个电气连接部分或一个配电装置全部停电，则所有不同地点的工作可以发给一张工作票，但要详细填明主要工作内容。

⑥ 几个班同时进行工作时，工作票可发给一个总的负责人。若在预定时间内仍未完成部分工作，则必须在不妨碍送电者的情况下继续工作。在送电前，应按照送电后现场设备带电情况，办理新的工作票，待布置好安全措施后，方可继续工作。

⑦ 第一、第二种工作票的有效时间以批准的检修期为限。第一种工作票在预定时间内尚未完成工作的，应由工作负责人办理延期手续。

2. 工作许可制度

（1）工作票签发人。工作票签发人应由车间或工区熟悉人员技术水平、设备情况和安全工作规程的生产领导人或技术人员担任。工作票签发人的职责范围为：

① 确认工作的必要性；

② 确认工作是否安全；

③ 确认工作票上所填安全措施是否正确完备；

④ 确认所派工作负责人和工作值班人员是否适当和足够，精神状态是否良好等。

（2）工作负责人。工作负责人由车间或工区主管生产的领导书面批准。工作负责人可以填写工作票。

（3）工作许可人。工作许可人不得签发工作票。

工作许可人的职责范围为：

① 审查工作票所列安全措施是否正确完备，是否符合现场条件；

② 确认工作现场布置的安全措施是否完善；

③ 检查停电设备有无突然来电的危险；

④ 对工作票所列内容的任何疑问，大小巨细问题都必须向工作票签发人询问清楚，必要时应要求作详细补充。

工作许可人在完成施工现场的安全措施后，还应会同工作负责人到现场检查所做的安全措施，证明检修设备确无电压，向工作负责人指明带电设备的位置和注意事项，并同工作负责人分别在工作票上签名。完成上述手续后，工作人员方能开始工作。

3. 工作监护制度

工作监护制度包含以下六种内容。

① 完成工作许可手续后，工作负责人应向工作人员交代现场安全措施，带电部位和其他注意事项。

② 工作负责人必须始终在工作现场，对工作人员的安全作业认真监护，及时纠正违反安全规程的操作。

③ 全部停电时，工作负责人可以参加工作班工作。

④ 部分停电时，工作人员只有在安全措施可靠，不致误碰带电部分的情况下，集中在同一地点工作。

⑤ 工作期间，工作负责人如果必须离开工作地点，应指定相关人员临时代替其监护职责，离开前应将工作现场交代清楚，并告知工作班人员。原工作负责人返回工作地点时，也应履行同样的交接手续。如果工作负责人需要长时间离开现场，应在原工作票签发人变更新工作负责人，两个工作负责人应做好必要的交接。

⑥ 值班员如发现工作人员违反安全规程或任何危及工作人员安全的情况时，应向工作负责人提出改正意见，必要时可暂停工作，并立即报告上级。

4. 工作间断、转移和终结制度

（1）工作间断时，工作班人员应从工作现场撤出，所有安全措施保持不动，工作票仍由工作负责人执存。每日收工时，必须将工作票交回值班员；次日复工时，应征得值班员许可，取回工作票。工作负责人必须先重新检查安全措施，确定符合工作票的要求后，方可工作。

（2）全部工作完毕后，工作班人员应清理现场。工作负责人应先进行仔细检查，待全体工作人员撤离工作地点后，再向值班人员说明所修项目、发现问题、试验结果和存在问题等，并与值班人员共同检查设备状况、有无遗留物件、是否清洁等，然后在工作票上填明工作终结时间。经双方签名后，工作票方告终结。

（3）只有在同一停电系统的所有工作票结束后，拆除所有接地线、临时遮栏和标志牌，恢复常设遮栏，并得到值班调度员或值班负责人的许可命令后，方可合闸送电。

三、电气安全标志的正确使用

1. 安全色

安全色是指表达安全信息的颜色，表示禁止、警告、指令、提示等。国家规定的安全色有红、蓝、黄、绿四种颜色。红色表示禁止、停止；蓝色表示指令、必须遵守的规定；黄色表示警告、注意；绿色表示指示、安全状态、通行。

在电气上用黄、绿、红三色分别代表 L1、L2、L3 三个相序。红色的电器外壳是表示其外壳有电；灰色的电器外壳是表示其外壳接地或接零；线路上蓝色代表工作零线；黑色代表明敷接地扁钢或圆钢；黄绿双色绝缘导线代表保护零线。在直流电路中，红色代表正极；蓝色代表负极；白色代表信号和警告回路。

2. 安全标志

安全标志是提醒人员注意或接标志上注明的要求去执行，保障人身和设施安全的重要记号。安全标志一般设置在光线充足、醒目、稍高于视线的地方。

（1）对于隐蔽工程（如埋地电缆等），在地面上要有标志桩或依靠永久性建筑挂标志牌，注明工程位置。

（2）对于容易被人忽视的电气部位（如封闭的架线槽、设备上的电气盒等），要用红漆画通电的箭头。

（3）另外在电气工作中还常用标志牌，以提醒工作人员不得接近带电部分，不得随意改变刀闸的位置等。

（4）移动使用的标志牌要用硬质绝缘材料制成，上面要有明显标志，均根据规定使用。标志牌的资料如表4-3所示。

表 4-3　标志牌的资料

名称	悬挂位置	尺寸/mm×mm	底色	字色
禁止合闸有人工作	一经合闸即可送电到施工设备的开关和刀闸操作手柄上	200×100 80×50	白底	红字
禁止合闸线路有人工作	一经合闸即可送电到施工设备的开关和刀闸操作手柄上	200×100 80×50	白底	红字
在此工作	室内和室外工作地点或施工设备上	250×250	绿底,中间有直径210mm的白圆圈	黑字,位于白圆圈中
止步高压危险	工作地点临近带电设备的遮栏上 室外工作地点附近带电设备的构架横梁上 禁止通行的过道上;高压试验地点	250×200	白底红边	黑色字,有红箭头
从此上下	工作人员上下的铁架梯子上	250×250	绿底,中间有直径210mm的白圆圈	黑字,位于白圆圈中
禁止攀登高压危险	工作临近可能上下的铁架上	250×200	白底红边	黑字
已接地	看不到接地线的工作设备上	200×100	绿底	黑字

四、生产用电基本常识

在企业生产中，每个人都应自觉遵守有关安全用电方面规程制度，学会基本安全用电常识，其内容主要有。

（1）拆开的、断裂的、裸露的带电接头，必须及时用绝缘物包好并放在人们不易碰到的地方。

（2）在工作中要尽量避免带电操作，尤其是手打湿的时候，必须进行带电操作，应尽量用一只手工作，另一只手可放在袋中或背后，同时最好有人监护。

（3）当有几个人进行电工作业时，应在接通电源前通知其他人。

（4）由于绝缘体的性能有时不太稳定，因此不要依赖绝缘体来防范触电。

（5）如果发现高压线断落时，千万不要靠近，至少要远离它 8～10m，并及时报告有关部门。

（6）如发现电气故障和漏电起火时，要立即切断电源开关。在未切断电源之前，不要用水或酸、碱泡沫灭火器灭火。

（7）发现有人触电时，应马上切断电源或用干木棍等绝缘物挑开触电者身上的电线，使触电者及时离开电源。如触电者呼吸停止，应立即施行人工呼吸，并马上送医院抢救。

第二节　电气操作安全规程

一、安全用电的常规措施

1. 火线必须进开关

火线进开关后，当开关处于分断状态时，用电器不带电，这样不但利于维修，还可减少触电机会。

2. 照明电压的合理选择

一般工厂和家庭的照明灯具多采用悬挂式，人体接触的机会较少，可选用 220V 的电压供电。在潮湿、有导电灰尘、有腐蚀性气体的情况下，则采用 24V、12V，甚至是 6V 的电压来供照明电。

3. 导线和熔断器的合理使用

导线通过电流时不允许过热，所以导线的额定电流比实际电流输出稍大。

熔断器是当电路发生短路时，能迅速熔断起到保护作用的电气元件，所以不能选额定电流很大的熔断丝来保护小电流电路。

4. 电气设备要有一定的绝缘电阻

通常要求固定电气设备的绝缘电阻不低于 $500k\Omega$。可移动电气设备应更高些，一般在使用电气设备的过程中必须保护好绝缘层，以防止绝缘层老化变质。

5. 电气设备的安装要正确

电气设备应根据说明书进行安装，不可马虎从事，带电部分应有防护罩，必要时应用联锁装置以防触电。

6. 采用各种保护用具

保护用具是保证工作人员安全操作的工具，主要有绝缘手套、绝缘鞋、绝缘棒、绝缘垫等。

7. 电气设备的保护接地和保护接零

正常情况下，电气设备的外壳是不带电的。为防止绝缘层破损老化漏电，电气设备应采用保护接地和保护接零等措施。

二、电气安全用具的管理

1. 电气安全用具类别

（1）起绝缘作用的安全用具，如绝缘夹钳、绝缘杆、绝缘手套、绝缘靴和绝缘垫等。

（2）起验电或测量用的携带式电压和电流指示器的安全用具，如验电笔、钳型电流表等。

（3）防止坠落的登高作业的安全用具，如梯子、安全带、登高板等。

（4）保证检修的安全用具，如临时接地线、遮栏、指示牌等。

（5）其他安全用具，如防止灼伤的护目眼镜等。

2. 电气安全用具保管制度

（1）存放用具的地方要干净、通风良好、无任何杂物堆放。

（2）凡橡胶制品类的，不可与油类接触，并小心损伤。

（3）绝缘手套、靴、夹钳等，应存放在柜内，使用中应防止受潮、受污等。

（4）绝缘棒应垂直存放，验电器用过后应存放于盒内，并置于干燥处。

（5）无论任何情况，电气安全用具均不可作为他用。

三、绝缘工具的正确使用

绝缘是指利用不导电的物质将带电体隔离或包装起来，防止人体触电。绝缘通常分为气体绝缘、液体绝缘和固体绝缘。

1. 绝缘工具的检查

绝缘工具在使用前应详细检查是否有损坏，并用清洁干燥毛巾擦净。如不确定时，应用 2500V 摇表进行测定。其有效长度的绝缘值不低于 $10000\mathrm{M}\Omega$，分段测定（电极宽 2cm）则绝缘电阻值不得少于 $700\mathrm{M}\Omega$。

2. 使用绝缘操作棒的注意事项

（1）使用绝缘操作棒时，工作人员应戴绝缘手套和穿绝缘靴，以加强绝缘操作棒的保护作用。

（2）在下雨、下雪或潮湿天气时，室外使用绝缘棒应装设防雨的伞形罩，以使伞下部分的绝缘棒保持干燥。

（3）使用绝缘棒时要防止碰撞，以免损坏表面的绝缘层。

（4）绝缘棒应存放在干燥的地方，以免受潮。绝缘棒一般应放在特制的架子上或垂直悬挂在专用挂架上，以免变形弯曲。

3. 使用绝缘手套和绝缘靴的注意事项

使用绝缘手套和绝缘靴时，应注意以下三个问题。

（1）绝缘手套和绝缘靴每次使用前应进行外部检查，要求表面无损伤、磨损、划伤、破漏等，砂眼漏气时严禁使用。绝缘靴的使用期限是大底磨光为止，即当大底漏出黄色胶时，就不能再使用。

（2）绝缘手套和绝缘靴使用后应擦净、晾干。绝缘手套还应撒上些许滑石粉，避免黏结，保持干燥。

（3）绝缘手套和绝缘靴不得与石油类的油脂接触。合格的不能与不合格的混放在一起，以免错拿使用。

四、常用电气设备的安全操作事项

1. 手持电动工具的日常检查

手持电动工具日常检查，有以下几个内容。

（1）检查外壳、手柄有否裂缝和破损。

（2）检查保护接地或接零线是否正确、牢固可靠。

（3）检查软电缆或软线是否完好无损。

（4）检查开关动作是否正常、灵活，有无缺陷、破损。

（5）检查电气保护装置是否安装良好。

（6）检查工具转动部分是否转动灵活且无障碍。

2. 使用三相短路接地线的注意事项

使用三相短路接地线时，应注意以下问题。

（1）接地线的连接器接触必须安装良好方可使用，并保持足够的夹持力，防止短路电流幅值较大时，由于接触不良而熔断或因动力作用而脱落。

（2）应检查接地铜线和短路铜线的连接是否牢固。一般应用螺钉紧固后，再加焊锡，以防熔断。

（3）接地线的装设和拆除应进行登记，并在模拟盘上标记。

3. 使用高压验电器的注意事项

使用高压验电器时，应注意以下五个问题。

（1）必须使用和被验设备电压等级相一致的合格验电器。

（2）验电前应先在有电的设备上进行试验，以验证验电器是否良好工作。

（3）验电时必须戴绝缘手套，手必须握在绝缘棒护环以下的部位，不准超过护环。

（4）对于发光型高压验电器，验电时一般不装设接地线，除非在木梯、木杆上验电，不接地不能指示时，才可装接地线。

（5）每次使用完验电器后，应将验电器擦拭干净放置在盒内，并存放在干燥通风处，避免受潮。为确保安全，验电器应按规定周期进行试验。

4. 使用低压配电柜内的带电工作的注意事项

低压带电工作的安全要求如下。

（1）工作中应有专人监护，使用的工具必须带绝缘柄，严禁使用锉刀、金属尺和带有金属物的毛刷等工具。

（2）工作时应站在干燥的绝缘物上进行，并戴手套、安全帽和穿长袖衣。在低压接户线工作时，应随身携带低压试电笔。

（3）工作前应分清火线、地线、路灯线，选好工作位置。断开导线时，应先断火线，后断地线。搭设导线时的顺序与上述相反，人体不得同时接触两根线头。

（4）在低压配电柜内的带电工作时，应当采取防止相同短路和单相接地的隔离措施。

5．停电操作程序

停电操作通常容易发生带负荷拉隔离开关和带电挂接地线，为防止事故的发生，应采取以下措施。

（1）检查有关表计指示是否允许拉闸、断开断路器。

（2）拉开负荷侧隔离开关和电源侧隔离开关。

（3）切断断路器的操作电源。

（4）拉开断路器控制回路的保险器。

（5）停电操作和验电挂接地线必须两人进行，一人操作，另一人监护。

6．送电操作程序

送电操作通常容易带地线合闸事故，为了防止其发生，应采取以下措施。

（1）检查设备上装设的各种临时安全措施接地线是否已完全拆除。

（2）检查有关的继电保护和自动装置确已按规定投入。

（3）检查断路器是否在断开位置。

（4）合上操作电源与断路器控制直流保险。

（5）合上电源侧隔离开关、断路器开关和负荷侧隔离开关。

（6）检查送电后的负荷电压应正常。

7．使用隔离开关的注意事项

隔离开关操作应注意以下问题。

（1）操作之前，应先检查短路器是否已经断开。

（2）操作时应站好位置，动作要果断。拉、合闸后必须检查是否在适当位置。

（3）合闸时，在合闸终了的一段行程中，不要用力过猛，以免发生冲击而损伤瓷件。

（4）严禁带负荷拉、合隔离开关。

（5）停电时，应先拉负荷侧隔离开关，后拉电源侧隔离开关；送电时，应先合电源侧隔离开关，后合负荷侧隔离开关。

8．使用万用表注意事项

万用表的选择开关与量程开关比较多，用途广泛，所以在具体测量不同的对象时，除了要将开关指示箭头对准要测取的挡位外，还要注意以下几点。

（1）万用表使用时一定要放平，放稳。

（2）使用前调整零点。如果指针不指零，则应转动调零旋钮，使指针调至

"0"位。

（3）使用前选好量程，拨对转换开关的位置，每次测量都一定要根据测量的类别，将转换开关拨到正确的位置上。养成良好的使用习惯，决不允许拿测棒盲目测试。

（4）测量电压或电流，如对被测的数量无法准确估计时，应选用最大量程测试，如发现太小，再逐步转换到合适量程进行实测。

（5）测量电阻时，先将转换开关转到电阻挡位上（Ω），把两根表棒短接一起，再旋转调零旋钮使指针指至 0 位。

（6）测量直流电压或电流时，要注意测棒红色为"＋"，黑色为"－"。一方面，插入表孔要严格按红、黑插入表孔的"＋"、"－"；另一方面，接入被测电路的正、负极要正确。如发现指针顺转，说明接入是正确的；反之，则应将两表棒极性调换。

（7）在测量 500～2500V 电压时，特别注意量程开关要转换到 2500V，先将接地棒接上负极，后将另一测棒接在高压测点，要严格检查测棒、手指是否干燥，采取绝缘措施，以保安全。

（8）测量读数时，要看准所选量程的标度线。特别是测量 10V 以下小量程电压挡，读取刻度读数要仔细。

（9）不要带电拨动转换开关，尽量训练一只手操作测量，另一只手不要触摸被测物。

（10）每次测量完毕，应将转换开关转拨到交流电压最大量程位置，避免将转换开关拨停在电流或电阻挡，以防下次测电压时忘记改变转换开关而将表烧毁。

五、电气安全的检查

1. 电气安全检查制度

电气安全检查制度的内容包括以下几方面。

（1）定期组织安全检查。

（2）检查操作规程是否属违章现象、有无保护接地或保护接零。

（3）查配电盘上的仪表是否齐全和指示正确。

（4）查设备及线路的绝缘性能，室内外线路是否符合安全要求。

（5）查电气用具、灭火器材等是否齐全，且保管妥当。

2. 接地装置的维护与检查

接地装置每年应进行 1～2 次的全面性维护检查，内容如下。

（1）接地线有否折断、损伤或严重腐蚀。

（2）接地支线与接地干线的连接是否牢固。

（3）接地点土壤是否因受外力影响而松动。

（4）所有的连接处连接是否装好。

（5）检查引下线（0.5m）的腐蚀程度，若严重应立即换。

（6）做好接地装置的变更、检修、测量的记录。

3. 变压器的现场检查

电力变压器应定期进行外部检查。经常有人值班的，每天至少检查一次，每星期进行一次夜间检查；有固定值班人员的至少每两个月检查一次。在有特殊情况或气温急剧变化时，要增加检查次数或即时检查。

变压器的检查应包括以下内容。

（1）上层油温是否正常，是否超过 85℃；对照负载情况，是否有因变压器内部故障而引起过热。

（2）储油柜上的油位是否正常，一般应在油位表指示的 1/4～3/4 处。油面过低，散热不良，将导致变压器过热；油面过高，温度升高，油将膨胀而溢出箱外；同时，还要检查有无渗油或漏油现象，充油式套管的油位是否正常，油色是否有变质现象，套管有无损坏漏油现象等。

（3）变压器有无异常响声或响声较以前更大。

（4）出线套管、瓷瓶的表面是否清洁，有无破损裂纹及放电的痕迹。

（5）母线的螺栓接头有无过热现象。

（6）防爆管上的防爆膜是否完好，有无冒油现象。

（7）冷却系统的运转情况是否正常，散热管的温度是否均匀。

（8）呼吸器的干燥剂有无失效，箱壳有无渗油或漏油现象，外壳接地是否良好。

（9）变压器室内的通风情况是否良好，室内设备是否完整良好，保护设备是否良好。

（10）变压器常见的故障有：异常响声、油面不正常、油温过高、防爆管薄膜破裂、气体继电器动作、变压器着火等。

4. 继电器一般性检查

继电器的一般性检查有以下内容。

（1）继电器外壳用毛利或干布擦干净，检查玻璃盖罩是否完整良好。

（2）检查继电器外壳与底座结合得是否牢固严密，外部接线端钮是否齐全，原铅封是否完好。打开外壳后，内部如果有灰尘，可用"皮老虎"吹净，再用干布擦干。

（3）检查所有接点与支持螺钉、螺母有否松动现象，螺母不紧最容易造成继电器误动作。

（4）检查继电器各元件的状态是否正常，元件的位置必须正确。有螺旋弹簧的，平面应与其轴心严格垂直。各层弹簧之间不应有接触处，否则由于摩擦加大，可能使继电器动作曲线和特性曲线相差很大。

5. 电压互感器的巡视检查

电压互感器的巡视检查有以下内容。

（1）一次侧引线和二次回路的连接部分是否过热，熔断器是否完好。

（2）外壳及二次回路一点接地是否良好。

（3）有无强烈的振动和异常声音及异味。

（4）互感器是否过载运行。

6. 电流互感器在运行中的巡视检查

电流互感器在运行中的巡视检查有以下内容。

（1）有无放电、过热现象和异常声味。

（2）一次侧引线、线卡及二次回路上各部件应接触良好。

（3）外壳接地及二次回路的一点接地要良好。

（4）定期对互感器进行耐压实验。

7. 断路器运行中巡视检查

断路器运行中巡视检查有以下内容。

（1）检查所带的正常最大负荷电流是否超过短路器的额定值。

（2）检查触头系统和导线连接点处有无过热现象，对于有热元件保护装置的更要特别注意。

（3）检查电流分合闸状态、辅助触头与信号指示是否符合要求。

（4）监听断路器在运行中有无异常响声。

（5）检查传动机构有无变形、锈蚀、销钉松脱现象，弹簧是否完好。

（6）检查相间绝缘，主轴连杆有无裂痕，表面剥落和放电现象。

（7）检查脱扣器工作状态，整定值指示位置与被保护负荷是否相符，有无变动，电磁铁表面及间隙是否正常、清洁，短路环有无损伤，弹簧有无腐蚀，脱扣线圈有无过热现象和异常响声。

（8）检查灭弧室的工作位置有无振动而移动，有无破裂和松动情况，外观是否完整，有无喷弧痕迹和受潮现象，是否有因触头接触不良而发出放电响声。

（9）当灭弧室损坏时，无论是多相还是一相，都必须停止使用，以免在断开时造成飞弧现象，引起相间短路而扩大事故范围。

（10）当发生长时间的负荷变动时，应相应调节过电流脱扣器的整定值，必要时可更换开关和附件。

（11）检查绝缘外壳和操作手柄有无裂损现象。

（12）检查电磁铁机构及电动机合闸机构的润滑情况，机件有无裂损现象。

（13）在运行中发现过热现象，应立即设法减少负荷，停止运行并做好安全措施。

8. 交流接触器的巡视检查

交流接触器的巡视检查有以下内容。

（1）通过接触器的负荷电流应在额定电流值之内，可观察电流表和钳型电流表测量。

（2）接触器的分、合信号指示与电路所处状态是否一致。

（3）灭弧室内有无接触不良，且产生放电声，灭弧室有无松动和裂损。

（4）电磁线圈有无过热现象，电磁铁上的短路环有无断裂和松脱。

（5）与导线连接点有无过热现象，辅助触头是否有烧蚀现象。

（6）铁芯吸合是否良好，有无过大的噪声，返回位置是否正常，绝缘杆有无损伤和断裂。

（7）周围环境有无不利于正常运行的情况，如有无导电粉尘、过大振动、通风是否良好。

第三节　电气事故与火灾的紧急处置

一、触电事故的紧急处置

因人体接触或接近带电体，所引起的局部受伤或死亡的现象称为触电。

1. 触电事故的类型

触电事故的类型如表 4-4 所示。

表 4-4　触电事故的类型

分类依据	类型	
按人体受害的程度不同	电伤	是指人体的外部受伤,如电弧烧伤,与带电体接触后的皮肤红肿,以及在大电流下的熔化而飞溅出的金属粉末对皮肤的烧伤等
	电击	是指人体内部器官受伤。电击是由电流流过人体而引起的,人体常因电击而死亡,所以它是最危险的触电事故
引起触电事故的类型	单相触电	单相触电是指人体在地面或其他接地导体上,人体某一部分触及一相带电体的触电事故
	两相触电	是指人体两处同时触及两相带电体的触电事故
	跨步电压触电	当带电体接地有电流流入地下时,电流在接点周围土壤中产生电压降,人在接地点周围,两脚之间出现电压即跨步电压,因此引起的触电事故叫跨步电压触电

2. 常见的电气设备触电事故

电气设备的种类很多，发生触电事故的情况是各种各样的，这里只把常见的、多发性的电气设备触电事故归纳如表 4-5 所示。

3. 常见的触电原因

（1）违章冒险。如在严禁带电操作的情况下操作，而冒险在无必要保护措施下带电操作，结果是触电受伤或死亡。

（2）缺乏电气知识。如在防爆区使用一般的电气设备，当电气设备开关时产生火花，因而发生爆炸。又如发现有人触电时，不是及时切断电源或用绝缘物使触电者脱离电器电源，而是用手去拉触电者等。

表 4-5　常见的电气设备触电事故

序号	触电类型	触电情形
1	配电事故	这类触电事故主要发生在高压设备上,事故的发生大都是在进行工作时,由于没有办理工作票、操作票和实行监护制度、没有切除电源就扫清绝缘子、检查隔离开关、检查油开关或拆除电气设备等而引起的
2	架空线路事故	架空电路发生的事故较多,情况也各不相同。例如,导线折断触到人体、人体意外接触到绝缘已损坏的导线、上杆工作没有用腰带和脚扣,发生高空摔下
3	电缆事故	由于电缆绝缘受损或击穿,带电拆装移动电缆,电缆头发生击穿等原因而引起的触电事故
4	闸刀开关事故	这类触电事故主要由于敞露的闸刀开关、电器启动器没有护壳。带电维修这类设备,这类设备外壳没有接地等引起的
5	配电盘事故	这类事故主要是电气设备制造和结构上有缺点,或者带电部分容易触碰等问题
6	熔断器事故	这类事故主要是裸手带电更换熔体、修理熔断器等引起的
7	照明设备事故	这类触电事故往往发生在更换灯泡、修理灯头时,金属灯座、灯罩、护网意外带电,吊灯安装高度不够等
8	携带式照明灯事故	我国规定采用 36V、24V、12V 作为行灯的安全电压。如果将 110V、220V 使用在行灯上,尤其是在锅炉、金属筒、横烟道、房屋钢结构、铸造中使用高于安全电压的行灯,容易发生触电事故
9	电钻事故	主要是电钻的外壳没有接地,插头座没有接地端头,导线中没有专用一股接地或接零导线;其次是接线错误,把接地或接零线误接在火线上等引起触电事故
10	电焊设备事故	这类事故是电焊变压器反接产生高压或错接在高压电源上,电焊变压器外壳没有接地等原因造成
11	电炉事故	由于电阻炉进料时误接触热元件,电弧炉进线导电部分没有防护;电焊变压器外壳没有接地等原因造成
12	未接地或接触不良	电气设备的外壳(金属),由于绝缘损坏而意外呈现电压,引起触电事故

　　(3) 输电线或用电设备的绝缘损坏。当人体无意触着因绝缘损坏而带电金属时,就会触电。

　　4. 触电的紧急救护

　　当进行触电急救时,要求动作迅速,使用正确救护方法,切不可惊慌失措、束手无策。

　　(1) 触电者急救。凡遇到有人触电,必须用最快的方法使触电者脱离电源,千万不能赤手空拳拉还未脱离电源的触电者,另外,在触电解救中,还应防止高处的触电者坠落受伤。

　　(2) 紧急救护。在触电者脱离电源后,应立即进行现场紧急救护工作,并及时报告医院,千万不能将触电者抬来抬去,应将他抬到空气流通、温度适宜的地方休息,更不可盲目地给假死者注强心针。

二、电气火灾的紧急处置

引起电气设备发热及发生电气火灾的原因主要是短路、过载、接触不良等，具体如表 4-6 所示。

表 4-6　电气火灾发生的原因

序号	引起火灾的原因	情形
1	短路	(1)电气设备绝缘体老化变质,受机械损伤,高温、潮湿或腐蚀作用下,绝缘体遭受破坏 (2)由于雷电等过电压的作用,使绝缘体击穿 (3)安装或维修工作中,由接线或操作错误所致 (4)管理不善,有污物聚集或小动物钻入等
2	过载	(1)设计选用的线路、设备不合理,以致在额定负载下出现过热 (2)使用不合理,如超载运行,连接使用时间过长,超过线路的设计能力,造成过热 (3)设备故障造成的设备和线路过载,如三相电动机断相运行,三相变压器不对称运行,均可造成过热
3	接触不良	(1)不可拆卸的接头连接不牢,焊接不良或焊头处混有杂物 (2)可拆卸的接头不紧密,或由于振动而松动 (3)活动触点,如刀开关的触点、接触器的触点、插入式短路器的触点、插销的触点,如果没有足够的接触压力或接触点粗糙不平,都会导致过热 (4)对于铜铝接头,由于两者性质不同,接头处易受电解作用而腐蚀,从而导致过热

1. 电气火警发生时的处理

发生电气火警时，最重要的是必须首先切断电源后救火，并及时报警。

应选用二氧化碳灭火剂、1211 灭火剂或黄沙灭火，但应注意不要将二氧化碳喷射到人体的皮肤和脸上，以防冻伤和窒息。在没有确知电源已被切断时，决不允许用水或普通灭火器来灭火，因为万一电源没被切断，就会有触电的危险。

2. 电气灭火的注意事项

（1）为了避免触电，人体与带电体之间应保持足够的安全距离。

（2）对架空线路等设备灭火时，要防止导线断落伤人。

（3）电气设备发生接地时，室内扑救人员不得进入距故障点 4m 以内，室外扑救人员不得接近故障点 8m 以内距离。

第五章
危险作业安全技术与管理

Chapter 05

第一节　危险作业范围及危害

一、危险作业的范围

由于在生产经营过程中可能遇到各种危险，因此，确定本单位危险作业的范围是加强危险作业安全管理的前提和基础。确定危险作业的范围一般是根据国家相关的法律法规和规程、单位生产经营特点、重大危险源状况、事故分析结果等因素综合分析确定，危险作业一般包括：

① 吊装作业；

② 动火作业；

③ 锅炉压力容器作业；

④ 检修作业；

⑤ 高处作业；

⑥ 动土作业；

⑦ 有限空间作业；

⑧ 高空吊笼作业；

⑨ 上述以外其他有较大危险，可能导致人员伤亡或财产损失的作业。

二、危险作业的危害

由于危险作业的类别和作业的环境不同，其危害结果也不相同。通常用危险严重度来表示危险严重程度的等级，是对危险严重程度的定性度量。一般危险分为以下四类。

第一类：恶性的，这类危险的发生会导致恶性事故发生，造成重大设备损坏或人员伤亡。

第二类：严重的，这类危险的发生会导致设备严重损坏或人身严重伤害。

第三类：轻度的，这类危险的发生会导致人身轻度伤害或设备损坏。

第四类：轻于第三类的轻微受伤或设备轻微损坏，这类危险可以忽略。

危险作业分析是指在一项作业或工程开工前，对该作业项目（工程）所存在的危险类别、发生条件、可能产生的情况和后果等进行分析，找出危险点，目的是控制事故发生。

第二节　起重吊装作业安全技术与管理

一、起重机械的工作结构

起重机械是指用于垂直升降或者垂直升降并水平移动重物的机电设备，主要用于吊运、顶举重物或物料，如图5-1所示。

图 5-1　起重机械

一般起重机包括起升机构、运行机构、变幅机构和旋转机构，各机构具体如下。

（1）起升机构是用来实现物料的垂直升降的机构，是任何起重机械均不可缺少的部分，因而是起重机最主要、最基本的机构。

（2）运行机构是通过起重机或起重小车运行来实现水平搬运物料的机构，有无轨运行和有轨运行之分，按其驱动方式不同分为自行式和牵引式两种。

（3）变幅机构是臂架起重机特有的工作机构，变幅机构通过改变臂架的长度和仰角来改变作业幅度。

（4）旋转机构是使臂架绕着起重机的垂直轴线做回转运动，在环形空间运动物料的机构。起重机通过某一机构的单独运动或多机构的组合运动，来达到搬移物料的目的。

二、起重机械的类型

（1）轻小型起重设备。轻小型起重设备主要包括起重滑车、吊具、千斤顶、手动葫芦、电动葫芦和普通绞车，它们大多体积小、重量轻，使用方便。

（2）升降类型起重机械。升降机主要做垂直或近于垂直的升降运动，具有固定的升降路线，包括电梯、升降台、矿井提升机和料斗升降机等。

（3）起重机。起重机主要是一些桥架类型起重机，是在一定范围内垂直提升，并水平搬运重物的多动作起重机械。

（4）臂架类型起重机。臂架型起重机包括门座起重机、塔式、流动式起重机等，其具有刚性吊挂轨道所形成的线路，能把物料运输到厂房的各个地方，也可延伸到厂房的外部。

三、起重机械的安全使用

起重机械的维护、检修、拆装人员，以及安全检验人员都可能面临高处作业和触电的危险。

在使用起重机械时应注意以下几点。

（1）操作人员接班时，应对制动器、吊钩、钢丝绳和安全装置进行检查，发现性能不正常时，应在操作前予以排除。

（2）启动机器前，必须鸣铃或报警；操作中如接近人时，也应给以断续铃或报警提示。

（3）操作时应按指挥信号进行，不论何人发出紧急停车信号，都应立即执行。

（4）当确认起重机上或其周围无人时，才可以闭合主电源，如电源断路装置上加锁或有标牌时，应由有关人员解除后才可闭合主电源。

（5）闭合主电源前，应使所有的控制器手柄置于零位。

（6）工作中突然断电时，应将所有的控制器手柄扳回零位；在重新工作前，应检查起重机动作是否都正常。

（7）当在轨道上露天作业的起重机当工作结束时，应将起重机锚定。当风力大于6级时，一般应停止工作，并将起重机锚定。对于门座起重机等，当风力大于7级时，应停止工作，并将起重机锚定。

（8）操作人员对起重机进行维护保养时，应切断主电源并挂上警示牌或锁，如有未消除的故障，应告知接班人员。

（9）起重机不用时要将相关部件安排好，如吊钩不得落于地面等。

（10）起重机必须要有安全标识。在使用时，应检查起重机的起重量标志牌，技术监督部门的安全检查合格标志是否悬挂在明显部位，以及臂架、起重机平衡臂、吊臂头部、外伸支腿、有人行通道的桥式起重机端架外侧等，是否按规定要求喷涂安全标志色。

四、吊装作业安全技术

吊装是指吊车或者起升机构对设备的安装、就位的统称，在安装、检修或维修过程中利用各种吊装机具将设备、工件、器具、材料等吊起，使其发生位置变化。

以下是吊装作业的安全技术要求。

（1）吊装重量较大的物体、吊装形状复杂、刚度小、长径比大、精密贵重设备，以及施工条件特殊的情况下，也应编制吊装方案。吊装方案经施工主管部门和安全技术部门审查，报主管厂长或总工程师批准后方可实施。

（2）起重吊装作业大多数作业点都必须由专业技术人员进行作业；属于特种作业必须由经专门安全作业培训，取得特种作业操作资格证书的特种作业人员进行操作。

（3）各种吊装作业前，应预先在吊装现场设置安全警戒标志并设专人监护，非施工人员禁止入内。

（4）吊装作业前，必须对各种起重吊装机械的运行部位、安全装置，以及吊具、索具等各种机具进行详细的安全检查，吊装设备的安全装置要灵敏可靠。吊装前必须试吊，确认无误方可作业，严禁带病使用。

（5）吊装作业人员必须佩戴安全帽，高处作业时必须遵守高处作业的相关规定。

（6）吊装作业时，必须分工明确、坚守岗位，并按规定的联络信号，统一指挥。

（7）用定型起重吊装机械（履带吊车、轮胎吊车、桥式吊车等）进行吊装作业时，除遵守本标准外，还应遵守该定型机械的操作规程。

（8）吊装作业时，必须按规定负荷进行吊装，吊具、索具经计算后合理选择使用，严禁超负荷运行。所吊重物接近或达到额定起重吊装能力时，应检查制动器，用低高度、短行程试吊后，再平稳吊起。

（9）吊装作业中，夜间应有足够的照明，室外作业遇到大雪、暴雨、大雾及六级以上大风时，应停止作业。

（10）在吊装作业中必须遵守起重机"十不吊"原则。

"十不吊"即指挥信号不明不吊，超负荷或物体重量不明不吊，斜拉重物不吊，光线不足、看不清重物不吊，重物下站人不吊，重物埋在地下不吊，重物紧固不牢，绳打结、绳不齐不吊，棱刃物体没有衬垫措施不不吊，吊物通过下方作业人员头顶上部不吊，安全装装置失灵不吊。

（11）吊装作业现场如果必须动火，则应遵守动火作业的规定。吊装作业现场的吊绳索、揽风绳、拖拉绳等要避免同带电线路接触，并保持安全距离。

（12）严禁利用管道、管架、电杆、机电设备等作为吊装锚点。未经机动、建筑部门审查核算，不得将建筑物、构筑物作为锚点。

（13）任何人不得随同吊装重物或吊装机械升降。

（14）悬吊重物下方严禁站人、通行和工作。

五、吊装作业安全管理

1. 吊装作业的分级分类管理

吊装作业按吊装重物的重量分为三级：吊装重物的重量大于 80 吨时，为一级吊装作业；吊装重物的重量大于等于 40 吨且小于等于 80 吨时，为二级吊装作业；吊装重物的重量小于 40 吨时，为三级吊装作业。

吊装作业按作业级别分为三类：大型吊装作业；吊装作业；一般吊装作业。

2. 吊装作业的从业资格管理

造成吊装作业伤害事故的形式主要有吊物坠落、挤压碰撞、触电、高处坠落和机体倾翻五类。因此，加强对吊装作业的资质管理是十分重要的工作。要建立健全吊装作业安全管理岗位责任制，起重机械安全技术档案管理制度，起重机械司机、指挥作业人员、起重司索人员（捆绑吊挂人）安全操作规程，起重机械安装、维修人员安全操作规程，起重机械维修保养制度等，要分工明确，落实责任，奖罚分明。要加强培训教育，对吊装作业人员进行安全技术培训考核，按照国家有关技术标准，对起重机械司机、指挥作业人员、起重司索人员进行安全技术培训考核，提高他们的安全技术素质，做到持证上岗作业。

吊装作业实行安全许可证管理，《吊装作业安全许可证》样表见表 5-1。《吊装作业安全许可证》一般由设备管理部门负责管理。单位负责人从设备管理部门领取《吊装作业安全许可证》后，要认真填写各项内容，交施工单位负责人批准。对于

表 5-1　《吊装作业安全许可证》样表

吊装单位		吊装负责(指挥)人	
吊装地点		吊装工具名称	
吊装人员(姓名、工种、操作证)			
作业时间		起吊重量/吨	
吊装内容			
安全措施			
项目单位安全负责人：(签字)		项目单位负责人：(签字)	
施工单位安全负责人：(签字)		施工单位负责人：(签字)	
设备管理部门审批意见： 部门负责人：(签字)　　　　年　月　日			
主管领导或总工程师审核意见： 主管领导或总工程师：(签字)　　　　年　月　日			

特定的吊装作业，必须编制吊装方案，并将填好的《吊装作业安全许可证》与吊装方案一并报设备管理部门负责人批准。《吊装作业安全许可证》批准后，项目负责人应将《吊装作业安全许可证》交作业人员。作业人员应检查《吊装作业安全许可证》，确认无误后方可作业。

3. 吊装作业的危险辨识管理

在吊装作业过程中，特别是在大型设备吊装过程中，使用多台大型吊装机具及辅助工器具，多工种交叉作业，难度大，危险性大，任何一个环节的不可靠都可能导致事故发生，所以，需要对吊装作业过程进行危险辨识，制定可靠的安全措施并有效实施，确保吊装工作的安全。对吊装作业的危险辨识，可采用预先危险性分析法对吊装作业进行危险分析。预先危险性分析（PHA，Preliminary Hazard Analysis），又称初步危险分析，主要用于对危险装置和物质的主要工艺区域等进行分析。其主要内容如下。

（1）预先危险性分析步骤

① 通过经验判断、技术诊断或其他方法，调查确定危险源（即危险因素存在于哪个子系统中），对所需分析系统的生产目的、物料、装置及设备、工艺过程、操作条件，以及周围环境等进行充分详细的调查了解。

② 根据过去的经验教训及同类行业生产中发生的事故（或灾害）情况，对系统的影响、损坏程度，类比判断所要分析的系统中可能出现的情况，查找能够造成系统故障、物质损失和人员伤害的危险性，分析事故（或灾害）的可能类型。

③ 对确定的危险源分类，制成预先危险性分析表。

④ 识别转化条件，即研究危险因素转变为危险状态的触发条件，以及危险状态转变为事故（或灾害）的必要条件，并进一步寻求对策措施，检验对策措施的有效性。

⑤ 进行危险性分级，排列出重点和轻、重、缓、急次序，以便处理。

⑥ 制定事故（或灾害）的预防对策措施。

（2）预先危险性等级的划分。在分析系统危险性时，为了衡量危险性的大小及其对系统破坏性的影响程度，可以将各类危险性划分为四个等级，见表5-2。

表 5-2　危险性等级划分表

级别	危险程度	可能导致的后果
I	安全的	不会造成人员伤亡及系统损坏
II	临界的	处于事故的边缘状态，暂时还不至于造成人员伤亡、系统损坏或降低系统性能，但应予以排除或采取控制措施
III	危险的	会造成人员伤亡和系统损坏，要立即采取防范对策
IV	灾难性的	造成人员重大伤亡及系统严重破坏的灾难性事故，必须予以果断排除并进行重点防范

如某企业起重吊装——重量约20吨的大型设备，事先进行了预先危险性分析，其分析结果见表5-3。

表 5-3 起重吊装作业预先危险性分析表

危险因素	原因	事故后果	危险等级	措施
高处坠落	①未系安全带或安全带使用不当 ②安全带断裂 ③安全防护设施损坏	人员伤亡	危险级	①正确使用安全带,使用前要检查安全带的状况 ②按操作规程正确操作 ③作业前进行教育和安全交底
物体打击	①人员误操作 ②机具损坏	人员伤亡,设备损坏	危险级	①作业前进行教育和安全交底,作业人员持证上岗 ②作业前检查索具钢丝绳等设备状况 ③危险区域设立警戒
碰撞	索具拉断	人员伤亡,设备损坏	灾难级	①作业前进行教育和安全交底,作业人员持证上岗 ②作业前检查索具、钢丝绳等设备状况
吊车倾翻	①吊装绳扣拉断 ②道路塌陷 ③支垫不合理 ④误操作,误指挥	人员伤亡,设备损坏	灾难级	①作业前制定好相应的安全措施并确保落实 ②对设备状况和措施进行检查 ③作业前进行教育和安全交底,作业人员持证上岗

(3) 根据风险辨识结果制定安全措施。从上面风险评价结果看,保证吊装作业安全的根本在于作业人员、作业管理措施和技术装备的可靠。下面从三个方面提出安全措施,以降低吊装作业的风险。

① 作业人员的安全措施

a. 吊车司机和起重作业人员必须持有特种作业证,熟识吊车性能,严守操作规程。

b. 登高作业人员必须体检合格,身体健康良好,具有丰富的高处作业经验及较高的安全意识和技能。

c. 管理人员和技术人员具有起重吊装作业的相关知识和本专业的特长。

d. 在吊装前,对涉及吊装的所有人员进行一次吊装作业培训和专题安全教育,技术总负责人进行吊装作业的详细讲解,安全工程师进行危险因素和削减措施的详细讲解,对所有吊装人员进行技术交底。

② 作业管理的安全措施

a. 吊装作业前分专业进行准备,吊装作业时统一指挥和管理,保证机构运行流程畅通。

b. 对所使用的设施及工器具材料,按照吊装作业规范进行科学计算,制定可靠的施工组织方案和吊装方案,保证吊装作业的安全进行。

c. 收集天气预报信息,选择适宜起吊的气象条件。

d. 吊装作业前,分专业对所有器具及机械使用前进行性能检验确认,并办理好登高作业证等作业许可证。

e. 操作人员正确佩戴和使用劳动保护用品，尤其是高空作业人员必须戴安全帽、系挂安全带、使用工具袋，杜绝高空抛物，由作业监护人对其进行检查确认。

f. 吊装作业时，设立吊装警示区，用警戒线进行围挡，悬挂警示牌，并配备作业监护人员看守，严禁无关人员入内。

g. 吊装作业时，由总指挥发出起吊信号。

h. 吊装作业时，必须先试吊，经确认安全后起吊。

i. 吊装过程的指挥信号准确、清晰、及时、统一。

③ 技术装备的安全措施。吊车性能、吊装索具和器具的状况由专人负责检查确认，符合安全技术规范，方可进行吊装作业。

4. 吊装作业的安全交底

对于重大吊装作业，应按有关规定办理《吊装作业安全许可证》，经有关领导及相关部门批准后组织实施，并对作业人员进行安全交底，吊装作业负责人、安全部门相关人员应参加安全交底工作。吊装作业班组按交底落实安全防护设施，熟悉吊装措施，特别是起重工应明确吊装物体的重量、形状、吊点的确定、钢丝绳等吊装索具选用、绑扎技术等；起重司机应明确吊装机械目前的性能、工况。

交底主要内容一般包括以下几方面：

① 吊装作业内容、吊装作业步骤、使用的器具及安全技术要求；

② 吊装作业现场条件和环境特点；

③ 吊装作业人员资质、素质、身体状况；

④ 作业安全防护技术；

⑤ 必须佩戴的防护用品及其正确使用方法；

⑥ 紧急情况应急措施。

第三节　动火作业安全技术与管理

一、动火作业安全技术

1. 概念

在企业的生产经营过程中，凡是动用明火或可能产生火种的作业都属于动火作业。如焊接、切割、熬沥青、烘烤、喷灯等明火作业；凿水泥基础、打墙眼、砂轮机打磨、电气设备的耐压试验等易产生火花或高温的作业。

动火本身就是一个明火作业过程，在厂区内从事上述作业，无论是焊接还是切割，都经常接触到可燃、易燃、易爆物质，同时多数是与压力容器、压力管道打交道，危险性很大。因此，加强对动火作业的管理是十分重要的。目前，企业一般都对厂区进行划分，分为禁火区和固定动火区，禁火区动火都需要办理动火作业安全许可证审批手续，落实安全动火措施。动火作业是指在禁火区进行焊接与切割作业，以及在易燃易爆场所（生产和储存物品的场所符合 GB 50016—2006 中火灾危险分类为甲、乙类的区域）使用喷灯、电钻、砂轮等进行可能产生火焰、火花和赤热表面的临时性作业。

2. 动火作业前的准备

动火作业前应清除动火现场及周围的易燃物品，或采取其他有效的安全防火措施，配备足够适用的消防器材；应检查电、气焊工具，保证安全可靠，不准带病使用；使用气焊焊割动火作业时，氧气瓶与乙炔气瓶间距应不小于 5m，二者与动火作业地点均应不小于 10m，并不准在烈日下暴晒。在铁路沿线（25m 以内）的动火作业，如遇装有化学危险物品的火车通过或停留时，必须立即停止作业。凡在有可燃物或易燃物构件的凉水塔、脱气塔、水洗塔等内部进行动火作业时，必须采取防火隔离措施，以防火花溅落引起火灾。

3. 动火作业安全防火要求

（1）动火作业实行《动火作业安全许可证》管理制度。动火作业必须办理《动火作业安全许可证》。进入设备内、高处等进行动火作业，还应执行相关的规定，对于在厂区管廊上的动火作业，根据国家的有关规定，按一级动火作业管理。带压不置换动火作业按特殊危险动火作业管理。

（2）动火作业必须采取清洗置换等相应安全措施。对于凡盛有或盛过化学危险物品的容器、设备、管道等生产、储存装置，必须在动火作业前进行清洗置换，经分析合格后方可动火作业。对于凡在属于规程规定的甲、乙类区域的管道、容器、塔罐等生产设施上动火作业时，必须将其与生产系统彻底隔离，并进行清洗置换，取样分析合格后方可动火作业。

（3）高空进行动火作业，其下部地面如有可燃物、空洞、阴井、地沟、水封等，应检查分析，并采取措施，以防火花溅落引起火灾爆炸事故。

（4）拆除管线的动火作业，必须先查明其内部介质及其走向，并制定相应的安全防火措施；在地面进行动火作业，周围有可燃物，应采取防火措施。

（5）动火点附近如有阴井、地沟、水封等应进行检查、分析，并根据现场的具体情况采取相应的安全防火措施。在生产、使用、储存氧气的设备上进行动火作业，其含氧量不得超过 20%。五级风以上（含五级风）天气，禁止露天动火作业。因生产需要确需动火作业时，动火作业应升级管理。

4. 特殊危险动火作业要求

特殊危险动火作业在符合一般动火作业相关规定的同时，还应符合以下规定。

（1）在生产不稳定、设备管道等腐蚀严重情况下，不准进行带压不置换动火作业。

（2）动火作业前，生产单位要通知工厂生产调度部门及有关单位，使之在异常情况下能及时采取相应的应急措施。

（3）必须制定施工安全方案，落实安全防火措施。动火作业时，车间主管领导、动火作业与被动火作业单位的安全员、厂主管安全防火部门人员、主管厂长或总工程师必须到现场，必要时可请专职消防队到现场监护。

（4）动火作业过程中，必须设专人负责监视生产系统内压力变化情况，使系统保持不低于 980.665Pa 正压。压力低于 980.665Pa 应停止动火作业，查明原因并采取措施后方可继续动火作业，严禁负压动火作业。

（5）动火作业现场的通、排风要良好，以保证泄漏的气体能顺畅排走。

5. 动火作业的安全检查

（1）动火执行人员所使用的工具、设备是否处于完好状态。

（2）动火设备本身是否残存易燃、易爆、有毒、有害物质，取样分析、测爆结果是否合格，是否留有死角，是否加好盲板进行了隔离。

（3）动火周围环境是否合格。地漏、污油井、地沟、电缆沟是否按要求进行了封堵；放空阀、排凝阀及周围（最小半径 15m）是否有泄漏点。

（4）动火审批人员要严格把关，审批前要深入动火地点查看，确认无火险隐患后方可批准。

6. 动火分析

动火分析是动火作业安全管理中常用的一项安全措施，动火分析应由动火分析人进行。凡是在易燃易爆装置、管道、储罐、阴井等部位，以及其他认为应进行分析的部位动火时，动火作业前必须进行动火分析。

（1）取样点的确定。动火分析的取样点，均应由动火所在单位的专（兼）职安全员或当班班长负责提出，动火分析的取样点要有代表性，特殊动火的分析样品应保留到动火结束。采样点选择的原则一般是：由熟悉生产工艺装置的工程技术人员或安全员确定，选择点必须具有代表性，对于动态之中的动火作业，应根据现场情况及时确定分析取样点。

① 装置区域内动火作业点周围空间气体的采样。采样点由熟悉生产工艺装置的工程技术人员，根据动火部位现场周围情况来确定。一般要求选择 2 个点以上，而且要靠近动静密封点，既不能太近，也不能太远，一般 1.5m 左右取样较为合适。

装置密封点没有绝对不泄漏的，但是要求确认其泄漏量是否在安全认可范围内。在泄漏量较大的情况下，取样分析没有实际意义。在实际工作中，安全员要求在动静密封点附近采取一个空间气样，如果可燃物含量合格，则以此点作为动火前分析依据；否则，在 1.5m 左右再采取一个空间气样，进行可燃物含量分析，如果可燃物含量合格，再根据动火的部位距泄漏点远近，确定是否可动火作业；否则，就要对泄漏部位进行处理后再采样分析。

② 密闭空间采样点的确定。一般可根据设备用途、结构、充装介质几方面来考虑。表 5-4 是常用设备及部位取样点选择，供大家参考。

表 5-4　常用设备及部位取样点选择

设备	采样分析点	备注
立式储罐	上、下入孔,排污口	用胶皮管探至设备内
球罐	上、下入孔,排污管口,外浮筒倒淋装置	为防外浮筒在物料处存在死角
塔	上、下入孔,底部排渣口	充装介质为密度较大的物料时要增加取样点
水井	距水面20cm	用胶皮管探至适当位置
地沟	距水面20cm	用胶皮管探至适当位置
隔油池	约3m范围空间,出水口周围空间	
卧式储罐	顶部入孔,下排污口,液位计倒淋阀处	

③ 管道内部采样点的确定。管道吹扫置换后,采样点一般由工艺技术员来确定采样点,并且创造好的取样条件。对于较长管线必须在管道两端、管道各倒淋阀口及高点气密放空阀进行取样;对不能探至管线内取样处,要求用钢锯(抹上黄油或机油)切一小口探至内部取样,来确保样品的代表性。

(2)取样的时间。动火作业必须在动火分析后进行,则动火分析采样时间应该在什么时间最好和有效,也是动火分析的关键。《厂区动火作业安全规程》规定,取样与动火间隔不得超过 30 分钟,如超过间隔或动火作业中断时间超过 30 分钟时,必须重新取样分析。如现场分析手段无法实现上述要求时,应由主管厂长或总工程师签字同意,另做具体处理。使用测爆仪或其他类似手段进行分析时,检测设备必须经被测对象的标准气体样品标定合格。

(3)动火分析合格判定

① 如使用测爆仪或其他类似手段时,被测的气体或蒸气浓度应小于或等于爆炸下限的 20%。

② 使用其他分析手段时,被测的气体或蒸气的爆炸下限大于等于 4%时,其被测浓度小于等于 0.5%;当被测的气体或蒸气的爆炸下限小于 4%时,其被测浓度小于等于 0.2%。

7. 焊割安全措施要求

(1)电焊作业时必须采取的安全措施

为防止触电,电焊工所用焊把必须绝缘;电缆线、地线、把线必须绝缘良好,不破皮,防止受外界高温烘烤;过路要加保护套管,防止被过往车辆轧坏;在金属容器内或潮湿环境作业,应采用绝缘衬垫以保证焊工与焊件绝缘;电焊工严禁携带焊把进出设备;禁止将接地线连接于在用管线、设备以及相连的钢结构上,以防产生静电,引起火灾;禁止在设备和无关的管线上引弧。防止把线、地线在其他无关的管线、设备上打火,击穿、击伤管线、设备。防止在施工中切断其他管线。高空作业要办理登高证。进入容器要办理进入容器许可证。

(2)气割和气焊时必须采取的安全措施。在使用气割和气焊时要注意氧气瓶及器具不得沾上油脂、沥青类物质,避免与高压氧气接触发生燃烧。保证氧气瓶、乙炔瓶离动火点的安全距离大于 10m，或氧气瓶与乙炔瓶之间的安全距离大于 3m；乙炔瓶应立放，禁止卧放，以防丙酮随气体带出发生爆炸。严禁铜、银、汞类物质与乙炔接触，以防发生爆炸。使用的胶管不得有漏气、破裂、鼓泡等现象，避免让高温工件烧破带子发生着火。使用中发生回火要及时切断乙炔气，严禁暴晒，以免使瓶内压力升高；冬季乙炔管冻结时，禁止用火烤或用氧气吹；乙炔瓶的易熔塞应朝向无人处。

动火作业还应注意的其他问题有：作业人员没有穿戴好合格的劳保用品不允许动火；属于防火防爆区的动火，未办理动火审批手续的不准擅自动火；动火执行人不了解动火现场周围情况，不能盲目动火；没有防止火星飞溅措施的不准动火；不准在有压力的设备、管线上动火；焊工没有证的，又没有正式焊工在场进行技术指导时，不能动火。抽加盲板时要注意做好防护，防止中毒、烫伤事故发生。

动火时要保持消防道路畅通，避免物料、机具占据消防通道。必要时请消防人员到现场监护，对检测结果进行复验。

二、动火作业安全管理

1. 动火作业的事故原因分析

动火本身就是一个明火作业过程，危险性很大。动火作业发生事故的原因主要有以下几个方面。

（1）没有对动火设备内部本身存在易燃、易爆、有毒、有害物质进行全面吹扫、置换、蒸煮、水洗、抽加盲板等程序处理，或没有对经处理而达不到动火条件进行分析或分析不准，而盲目动火，引发火灾、爆炸事故。

（2）气焊、气割动火所用的乙炔、氧气等易燃、易爆气体，胶带、减压阀等器具不完好，出现泄漏，发生燃烧和引起爆炸。

（3）在动火作业时，气割、气焊或是电焊，都要使金属在高温下熔化，熔化的液态金属到处飞溅，使周围的地漏、明沟、污油井、电缆沟，以及取样点、排污点、泄漏点发生火灾、爆炸事故。

（4）气焊、气割时所使用的氧气瓶、乙炔瓶都是压力容器，设备本身具有较大的危险性，违反安全规定，使用不当，发生着火、爆炸事故。

（5）用电焊时，电焊机不完好或地线、把线绝缘不好，造成与在用设备、管线发生打火现象，焊工在附近其他设备、管线上引弧，造成设备、管线击穿，或使设备、管线损伤，甚至将接地线连接于在用管线、设备以及相连的钢结构上，留下隐患。

（6）用电时，电线或工具绝缘不好发生漏电，或焊工不穿绝缘鞋，在容器内部或潮湿环境作业，造成人员触电，或合闸时，保险熔断产生弧光烧伤皮肤等。

（7）监护人员脱离岗位或没有监护人，防范措施落实不到位，环境条件发生变化时，如在进行取样、排污或发生泄漏等情况下没有及时停工，引发事故。

2. 禁火区划定条件

企业应根据火灾危险程度及生产、维修工作的需要，在厂区内划分固定动火区和禁火区。

（1）固定动火区。固定动火区为允许从事焊接、切割、使用喷灯和火炉作业的区域。设立固定动火区应符合下列条件。

① 距易燃易爆厂房、设备、管道等不能小于 30m。

② 室内固定动火区应与危险源隔开，门窗要向外开，道路要通畅。

③ 生产正常放空或发生事故时，可燃气体不能扩散到固定动火区内；在任何气象条件下，固定动火区内的可燃气体含量必须在允许含量以下。

④ 固定动火区要有明显标志，不准堆放易燃杂物，并配有适用的、数量足够的灭火器具。

⑤ 固定动火区的划定，应由车间（科室）申请，经防火、安全技术部门审查，报主管厂长或总工程师批准。

（2）禁火区。一般认为在正常或不正常情况下都有可能形成爆炸性混合物的场所，以及存在易燃、可燃化学物质的场所均应划为禁火区。通常厂内除固定动火区外，其他均为禁火区。

需要在禁火区动火时，必须申请办理《动火安全作业许可证》。

禁火区内动火，应根据危险程度进行等级划分，并根据危险等级确定相应的动火审批人，以确保动火的严肃性。

3. 动火作业分类

动火作业分为特殊危险动火作业、一级动火作业和二级动火作业三类。

（1）特殊危险动火作业。在生产运行状态下的易燃易爆物品生产装置、输送管道、储罐、容器等部位上，以及其他特殊危险场所的动火作业。

（2）一级动火作业。在易燃易爆场所进行的动火作业。

（3）二级动火作业。除特殊危险动火作业和一级动火作业以外的动火作业。凡厂、车间或单独厂房全部停车，装置经清洗置换：取样分析合格并采取安全隔离措施后，可根据其火灾、爆炸危险性大小，经厂安全管理部门批准，动火作业可按二级动火作业管理。遇节日、假日或其他特殊情况时，动火作业应升级管理。

4. 禁火区的管理

为了确保动火作业的安全，在禁火区动火，必须办理《动火作业安全许可证》，严格遵守动火的安全规定。

（1）动火作业的一般要求。动火作业安全许可证未经批准，禁止动火；不与生产系统可靠隔绝，禁止动火；不清洗、置换不合格，禁止动火；不消除周围易燃物，禁止动火；不按时作动火分析，禁止动火；没有消防措施，禁止动火。动火时需做到以下几点要求。

① 按规定办理《动火作业安全许可证》的申请、审核和批准手续；按《动火

作业安全许可证》的要求，认真填写和落实动火中的各项安全措施；必须在《动火作业安全许可证》批准的有效时间范围内进行动火工作；凡延期动火或补充动火都必须重新办理《动火作业安全许可证》。

② 检查和落实动火的安全措施。凡在储存输送可燃气体、易燃液体的管道、容器及设备上动火，应首先切断物料来源，加堵盲板，与运行系统可靠隔离；还可将动火区与其他区域采取临时隔火墙等措施加以隔离，防止火星飞溅而引起事故。

③ 动火设备经清洗、置换后，必须在动火前半小时以内作动火分析。考虑到取样的代表性、分析化验的误差及测试分析仪器的灵敏度等因素，要留有一定的安全裕度。分析人员在《动火作业安全许可证》上填写分析结果并签字，方为有效。

④ 若分析时间与动火时间间隔半小时以上或中间休息后再动火，需重作动火分析。

⑤ 将动火现场周围 10m 范围内的一切易燃和可燃物质（溶剂、润滑油、可燃废弃物等）清除干净。

⑥ 动火地点应备有足够的灭火器材，设有看火人员，必要时消防车和消防人员应到动火现场做好准备，并保证动火期间水源充足，不得中断。动火完毕，应确认余火熄灭，不会复燃后方可离开现场。

⑦ 动火人员要有一定资格。动火作业应由经安全考试合格的人员担任，压力容器的补焊工作应由锅炉压力容器焊工考试合格并取得操作资质的工人进行。《动火作业安全许可证》由动火人随身携带，不得转让、涂改，动火人员到达动火地点时，需呈验《动火作业安全许可证》。

⑧ 焊割动火还必须同时符合焊接作业的有关规定。高处焊割作业要采取防止火花飞溅的措施，遇有 5 级以上大风时应停止作业。

⑨ 高处动火作业时，应戴安全帽、系安全带，遵守登高作业的安全规定。

⑩ 罐内动火时还应同时遵守罐内作业的安全规定。

在动火中如果遇到生产装置紧急排空，或设备、管道突然破裂，而造成可燃物质外泄时，应立即停止动火，待恢复正常后，重新审批并分析合格后，方可继续动火。

（2）特殊动火作业的要求

① 油罐带油动火。若油罐内油品无法抽空，不得不带油动火时，除了上述动火的一般要求外，还应注意在油面以上不准带油动火。补焊前先进行壁厚的测定，补焊处的壁厚应满足焊接时不被烧穿的最小壁厚要求（一般不小于 3mm）。根据测得的壁厚确定合适的焊接电流值，防止因电流过大而烧穿。动火前用铅或石棉绳将裂缝塞严，外面用钢板补焊。

油管带油动火的要求基本与上述要求相同。

带油动火补焊的危险性很大，只在特殊情况下才采用，除采取比一般动火更严格的安全措施外，还需选派经验丰富的人员担任，施焊要稳、准、快。焊接过程中，监护人员、扑救人员不得离开现场。

② 带压不置换动火。对易燃、易爆、有毒气体的低压设备、容器、管道进行带压不置换动火，在理论上是允许的，只要严格控制焊补设备内介质中的含氧量，不形成达到爆炸范围的含量。在正压条件下外泄的可燃气体只燃烧不爆炸，即点燃可燃气体，并保证稳定的燃烧，就可控制燃烧过程，不致发生爆炸。现在这方面的技术与设备基本是成熟的。

采用带压不置换动火时，应注意以下关键问题。

补焊前和整个动火作业过程中，补焊设备或管道必须连续保持稳定的正压。一旦出现负压，空气进入焊补设备、管道，就将发生爆炸。必须保证系统内的含氧量低于安全标准（一般规定除环氧乙烷外，可燃气体中含氧量不超过 1% 为安全标准），即动火前和整个补焊作业中，都必须始终保持系统内含氧量不大于 1%。若含氧量超过此标准，应立即停止作业。

补焊前先测定壁厚，裂缝处其他部位的最小壁厚应大于强度计算所需的最小壁厚，并能保证补焊时不被烧穿；否则不准补焊。

带压不置换动火的危险性极大，一般情况下不宜采用。

5. 《动火作业安全许可证》的管理

《动火作业安全许可证》一般为两联，表 5-5 为《动火作业安全许可证》式样。

（1）《动火作业安全许可证》的办理程序和使用要求

① 《动火作业安全许可证》由申请动火单位指定动火项目负责人办理。办证人应按《动火作业安全许可证》的项目逐项填写，不得空项，然后根据动火等级，按规定的审批权限办理审批手续，最后将办理好的《动火作业安全许可证》交动火项目负责人。

② 动火负责人持办理好的《动火作业安全许可证》到现场，检查动火作业安全措施落实情况，确认安全措施可靠并向动火人和监火人交代安全注意事项后，将《动火作业安全许可证》交给动火人。

③ 一份《动火作业安全许可证》只准在一个动火点使用，动火后，由动火人在《动火作业安全许可证》上签字。如果在同一动火点多人同时动火作业，可使用一份《动火作业安全许可证》，但参加动火作业的所有动火人应分别在《动火作业安全许可证》上签字。

④ 《动火作业安全许可证》不准转让、涂改，不准异地使用或扩大使用范围。

⑤ 《动火作业安全许可证》一式两份，终审批准人和动火人各持一份存查。特殊危险《动火作业安全许可证》由主管安全防火部门存查。

（2）《动火作业安全许可证》有效期限。根据《厂区动火作业安全规程》规定，特殊危险动火作业的《动火作业安全许可证》和一级动火作业的《动火作业安全许可证》的有效期为 24 小时，二级动火作业的《动火作业安全许可证》的有效期为 120 小时。动火作业超过有效期限，应重新办理《动火作业安全许可证》。

表 5-5　动火作业安全许可证

（正面）　　　　　　　　　　动火审字第　　　　　　　号

申请单位		单位负责人	
单位地址		联系电话	
动火部位		动火方式	
动火时间	自　年　月　日　时　至年　月　日　时		
操作人			
安全措施	(1)动火作业单位已采取了安全措施,保证动火作业期间的安全 (2)动火作业单位承担因动火作业造成损失的责任 　　　　　　　　　　　　　　申请人签字:		
审批意见	审核人:　　　　　批准人:　　　　　动火人:		
作业安全规定	(1)防火、灭火措施未落实不动火 (2)周围的杂物和易燃品、危险品未清除不动火 (3)附近难以移动的易燃结构物未采取安全防范措施不动火 (4)凡盛装过油类等易燃、可燃液体的容器、管道用后未清洗干净不动火 (5)在进行高空焊割作业时,未清除地面的可燃物品,以及未采取相应防护措施不动火 (6)储存易燃易爆物品的仓库、车间和场所未采取安全措施,危险性未消除不动火 (7)未配备灭火器材或器材不足不动火 (8)现场安全负责人不在场不动火 动火中"四要": (1)现场安全负责人要坚守岗位 (2)现场安全负责人和动火作业人员要加强观察、精心操作,发现不安全苗头时,立即停止动火 (3)一旦发生火灾或爆炸事故要立即报警和组织扑救 (4)动火作业人员要严格执行安全操作规程 动火后"一清": 完成动火作业后,动火人员和现场责任人要彻底清理动火作业现场,并确认无误后才能离开		
备注	(1)申请单位施工人员必须具备相关的施工人员上岗资格证明及消防上岗证 (2)动火作业人员证件复印件粘贴在背面		

6.《动火作业安全许可证》的审批

特殊危险动火作业的《动火作业安全许可证》，由动火地点所在单位主管领导初审签字，经主管安全防火部门复审签字后，报主管厂长或总工程师终审批准。一级动火作业的《动火作业安全许可证》，由动火地点所在单位主管领导初审签字后，报主管安全防火部门终审批准。二级动火作业的《动火作业安全许可证》，由动火地点所在单位的主管领导终审批准。

7. 职责要求

（1）动火项目负责人。动火项目负责人对动火作业负全面责任，必须在动火作业前详细了解作业内容和动火部位及周围情况，参与动火安全措施的制定、落实，向作业人员交代作业任务和防火安全注意事项；作业完成后，组织检查现场，确认无遗留火种后方可离开现场。

（2）动火人。独立承担动火作业的动火人必须持有特殊工种作业证，并在《动火作业安全许可证》上签字。若带徒作业时，动火人必须在场监护。动火人接到《动火作业安全许可证》后，应核对证上各项内容是否落实，审批手续是否完备，若发现不具备条件时，有权拒绝动火，并向单位主管安全防火部门报告。动火人必须随身携带《动火作业安全许可证》，严禁无证作业及审批手续不完备的动火作业。动火前（包括动火停歇期超过30分钟再次动火），动火人应主动向动火点所在单位当班班长呈验《动火作业安全许可证》，经其签字后方可进行动火作业。

（3）监火人。监火人应由动火点所在单位指定责任心强，有经验，熟悉工艺流程，了解介质的化学、物理性能，会使用消防器材、防毒器材的人员担任。必要时，也可由动火单位和动火点所在单位共同指派。新项目施工动火，由施工单位指派监火人。监火人所在位置应便于观察动火和火花溅落，必要时可增设监火人。

监火人负责动火现场的监护与检查，动火前要按照动火作业安全许可证检查动火措施的落实情况，随时扑灭动火飞溅的火花；发现异常情况应立即通知动火人停止动火作业，及时联系有关人员采取措施。监火人必须坚守岗位，不准脱岗。在动火期间，不准兼做其他工作；在动火作业完成后，要会同有关人员清理现场，清除残火，确认无遗留火种后方可离开现场。

（4）动火部门负责人。动火单位班组长（值班长、工段长）为动火部位的负责人，应对所属生产系统在动火过程中的安全负责，并参与制定、负责落实动火安全措施，负责生产与动火作业的衔接，检查《动火作业安全许可证》。对审批手续不完备的《动火作业安全许可证》有制止动火作业的权力。在动火作业中，生产系统如出现紧急或异常情况，应立即通知停止动火作业。

（5）动火分析人。动火分析人应对动火分析手段和分析结果负责，根据动火地点所在单位的要求，亲自到现场取样分析，在《动火作业安全许可证》上填写取样时间和分析数据并签字。

（6）安全员。执行动火单位和动火点所在单位的安全员应负责检查本标准执行情况和安全措施落实情况，随时纠正违章作业，特殊危险动火、一级动火，安全员必须到现场。

（7）动火作业的审查批准人。各级动火作业的审查批准人审批动火作业时必须亲自到现场，了解动火部位及周围情况，确定是否需做动火分析，审查并明确动火等级，检查、完善防火安全措施，审查《动火作业安全许可证》的办理是否符合要求。在确认准确无误后，方可签字批准动火作业。

第四节　锅炉压力容器安全技术与管理

一、锅炉压力容器安全技术

锅炉压力容器（图5-2）是锅炉与压力容器的全称，它们同属于特种设备，在生产和生活占有很重要的位置。

压力容器由于密封、承压及介质等原因，容易发生爆炸、燃烧起火，从而危及人员、设备和财产的安全及污染环境。目前，世界各国均将其列为重要的监督检验产品，由国家指定的专门机构，按照国家规定的法规和标准实施监督检查和技术检验。

图 5-2　锅炉压力容器

1. 锅炉检验

为确保在用的锅炉、压力容器的可靠性和完好性，应根据法规和标准的要求，定期对锅炉和压力容器进行检验。

锅炉的定期检验包括：外部检验、内部检验和水压试验。定期检验由锅炉压力容器安全监察机构审查批准的检验单位进行。

（1）外部检验。外部检验是指锅炉运行状态下对锅炉安全状况进行的检验，锅炉的外部检验周期一般为一年。除正常外部检验外，当有下列情况之一时，也应进行外部检验：

① 装锅炉开始投运时；

② 锅炉停止运行一年以上恢复运行时；

③ 锅炉的燃烧方式和安全自控系统有改动后。

（2）内部检验。内部检验是指锅炉在停炉状态下对锅炉安全状况进行的检验，内部检验一般每两年进行一次检验。除正常内部检验外，当有下列情况之一时，也应进行内部检验：

① 安装的锅炉在运行一年后；

② 锅炉停止运行一年以上恢复运行；

③ 移装锅炉投运前；

④ 受压元件经重大修理或改造后，以及重新运行一年后；

⑤ 根据上次内部检验结果和锅炉运行情况，对设备的安全可靠性能怀疑时；

⑥ 根据外部检验结果和锅炉运行情况，对设备的安全可行性有怀疑时。

（3）水压试验。水压试验是指锅炉以水为介质，以规定的试验压力对锅炉受压力部件强度和严密性进行的检验。水压试验一般每六年进行一次，对无法进行内部检验的锅炉，应每三年进行一次水压力试验。水压试验不合格的锅炉不得投入使用。

（4）锅炉检验的注意事项

① 锅炉检验前，使用单位应提前进行停炉、冷却、放出锅炉水。

② 检验时与锅炉相连的供汽（水）管道、排污管道、给水管道及烟、风道用金属盲板等可靠措施隔绝，金属盲板应有足够的强度并应逐一编号、挂牌。

③ 进入锅筒、容器检验前，应注意通风；检验时，容器外应有人监护。

④ 检验所用照明电源的电压一般不超过 12V，如在比较干燥的烟道内并有妥善的安全措施，则可采用不高于 36V 的照明电压。

⑤ 燃料的供给和点火装置应上锁。

⑥ 禁止带压拆除连接部件。

⑦ 禁止自行以气压试验代替水压试验。

2. 锅炉的安全运行

（1）检查准备。对新装、移装和检修后的锅炉，启动前应进行全面检查。为了不遗漏检查项目，其检查应按照锅炉运行规程的规定逐项进行。

（2）上水。上水水温最高不应超过 90℃，水温与筒壁温度之差不超过 50℃。对水管锅炉，全部上水时间在夏季不小于 1 小时，在冬季不小于 2 小时。冷炉上水至最低安全水位时应停止上水。

（3）烘炉。新装、移装、改造或大修后的锅炉以及长期停用的锅炉，应进行烘炉以去除水分。严格执行烘炉操作规程，注意升温速度不宜过快，烘炉过程中经常检查炉墙有无开裂、塌落，严格控制烘炉温度。

（4）煮炉。新装、移装、改造和大修后的锅炉，正式投运前应进行煮炉。煮炉的目的是清除制造、安装、修理和运行过程中产生和带入锅内的铁锈、油脂、污垢和水垢，防止蒸汽品质恶化，以及避免受热面因结垢而影响传热。

煮炉一般在烘炉后期进行。煮炉过程中应承受时检查锅炉各结合面有否渗漏，受热面能否自由膨胀。煮炉结束后应对锅筒、集箱和所有炉管进行全面检查，确认铁锈、油污是否去除，水垢是否脱落。

（5）点火与升压。一般锅炉上水后即可点火升压。点火方法因燃烧方式和燃烧设备而异。点火前，开动引风机给锅炉通风 5～10min，没有风机的可自然通风 5～

10min，以清除炉膛及烟道中的可燃物质。汽油炉、煤粉炉点燃时，应先送风，之后投入点燃火炬，最后送燃料。一次点火未成功需重新点燃火炬时，一定要在点火前给炉膛烟道重新通风，待充分清除可燃物之后再进行点火操作。

对于自然循环锅炉来说，其升压过程与日常的压力锅升压相似，即锅内压力是由烧火加热产生的，升压过程与受热过程紧紧地联系在一起。

（6）暖管与并汽

① 暖管。用蒸汽慢慢加热管道、阀门等部件，使其温度缓慢上升，避免向冷态或较低温度的管道突然供入蒸汽，以防止热应力过大而损坏管道、阀门等部件；同时将管道中的冷凝水驱出，防止在供汽时发生水击。

② 并汽。并汽也叫并炉、并列，即新投入运行锅炉向共用的蒸汽母管供汽。并汽前应减弱燃烧，打开蒸汽管道上的所有疏水阀，充分疏水以防水击；冲洗水位表，并水位维持在正常水位线以下，使锅炉的蒸汽压力稍低于蒸汽母管内气压，缓慢打开主汽阀及隔绝阀，使新启动锅炉与蒸汽母管连通。

3. 压力容器的检验

压力容器的定期检验包括：外部检查、内外部检验和水压试验。

（1）外部检查。外部检查是指在用压力容器运行中的定期在线检查，每年至少进行一次。外部检查可以由检验单位有资格的检验员进行，也可由经安全监察机构认可的使用单位压力容器专业人员进行。

（2）内外部检验。内外部检验是指在用压力容器停机时的检验。内外部检验应由检验单位有资格的检验员进行。压力容器投用后首次内外部检验周期一般为 3 年。内外部检验周期的确定取决于压力容器的安全状况等级。当压力容器安全状况等级为 1 级、2 级时，每 6 年至少进行一次内外部检验；当压力容器安全状况等级为 3 级时，每 3 年至少进行一次内外部检验。

（3）耐压试验。耐压试验是指压力容器停机检验时，所进行的超过最高使用压力的液压试验或气压试验。对固定式压力容器，每两次内外部检验期间，至少进行一次耐压试验；对移动式压力容器，每 6 年至少进行一次耐压试验。

4. 压力容器的安全运行

正确合理地操作和使用压力容器，是保证其安全运行的一项重要措施。对压力容器操作的基本要求如下。

（1）平稳操作。平稳操作主要是指缓慢地进行加载和卸载，以及运行期间保持载荷的相对稳定。压力容器开始加压时，速度不宜过快，尤其要防止压力的突然升高，因为过高的加载速度会降低材料的断裂韧性，可能使存在微小缺陷的容器在压力的冲击下发生脆断。高温容器或工作温度在零度以下的容器，加热或冷却也应缓慢进行，以减小壳体的温度梯度。运行中更应该避免容器温度的突然变化，以免产生较大的温度应力。运行中压力频繁地或大幅度地波动，对容器的抗疲劳破坏是极不利的，因此应尽量避免压力波动，保持操作压力的稳定。

（2）防止超载。由于压力容器允许使用的压力、温度、流量及介质充装等参数，是根据工艺设计要求和保证安全生产的前提下制定的，故在设计压力和设计温度范围内操作可确保运行安全；反之，如果容器超载超温超压运行，就会造成容器的承受能力不足，因而可能导致压力容器爆炸事故的发生。

（3）容器运行期间的检查。在压力容器运行过程中，对工艺条件、设备状况及安全装置等进行检查，以便及时发现不正常情况，可采取相应的措施进行调整或消除，防止异常情况的扩大和延续，保证容器的安全运行。

（4）记录。操作记录是生产操作过程中的原始记录，操作人员应认真、及时、准确、真实地记录容器实际运行状况。

（5）紧急停止运行。运行中若容器突然发生故障，严重威胁安全时，容器操作人员应及时采取紧急措施，停止容器运行，并上报上级领导。

（6）维护保养。加强容器的维护保养，防止容器因被腐蚀而导致壁厚减薄，甚至发生断裂事故。具体措施为：容器在运行过程中，保持完好的防腐层，经常检查防腐层有无自行脱落，或装料和安装内部附件时被刮落或撞坏；控制介质含水量，经常排放容器中的冷凝水，消除产生腐蚀的因素；消灭容器的"跑、冒、滴、漏"等。

（7）停用期间的维护

容器长期或临时停用时，应将介质排除干净，对容器有腐蚀性介质要经过排放、置换、清洗等技术处理。处理后应保持容器的干燥和洁净，减轻大气对停用容器的腐蚀。另外，也可采用外表面涂刷油漆的方法，防止大气腐蚀。

二、锅炉压力容器安全管理

1. 锅炉运行管理

（1）锅炉正常运行时，应根据实际情况随时调节水位、气压、炉膛负压，以及进行除灰和排污工作。

（2）加强水处理管理，按规定的时间间隔对水质进行监控。

（3）加强锅炉运行中的巡回检查，监视液位、压力波动，按规定频次吹灰和水位计冲洗。

（4）做好运行记录，当出现故障时，还应将故障情况及处理措施予以记录。

2. 停炉的维护与保养

（1）正常停炉。正常停炉指锅炉的有计划检修停炉。停炉时，要防止锅炉急剧冷却，当锅炉压力降至大气压时，开启放空阀或提升安全阀，以免锅筒内造成负压。停炉后应在蒸汽、给水、排污等管路中装置挡板，保证与其他运行中的锅炉可靠隔离。锅炉放水后，应及时清除受热面内侧的污垢，清除各受热面烟气内侧上的积灰和烟垢。根据停炉时间的长短确定保养方法。

（2）紧急停炉。紧急停炉是当锅炉发生事故时，为了防止事故的进一步扩大而采取的应急措施。紧急停炉时，应按顺序操作，停止燃料供应，减少引风，但不允许向炉膛内浇水；将锅炉与蒸汽母管隔断，开启放空阀；当气压很高时，可手动提起安全阀放汽或开启过热器疏水阀，使气压降低。

因缺水事故而紧急停炉时，严禁向锅炉给水，并不得开启放空阀或提升安全阀排汽，以防止锅炉受到突然的温度或压力的变化而扩大事故。如无缺水现象，可采取进水和排污交替的降压措施。

因满水事故而紧急停炉时，应立即停止给水，减弱燃烧，并开启排污阀放水，同时开启主汽管、分汽缸上的疏水阀。

停炉后，开启省煤器旁路烟道挡板，关闭主烟道挡板，打开灰门和炉门，促使空气对流，加快炉膛冷却。

第五节　压力管道安全技术与安全管理

压力管道是在一定温度和压力下，用于运输流体介质的特种设备。

一、压力管道的组成及结构

压力管道由管道组成件、管道支吊架（管道支承件）等组成，是管子、管件、法兰、螺栓连接、垫片、阀门、其他组成件，或受压部件和支承件的装配组合，如图 5-3 所示。

图 5-3　压力管道

（1）管道组成件。它是连接或装配成管道的元件，包括管子、管件、法兰、垫片、紧固件、阀门以及管道特殊件。管道特殊件，即非普通标准组成件，是按工程设计条件特殊制造的管道组成件，包括膨胀节、特殊阀门、爆破片、阻火器、过滤器、挠性接头及软管等。

（2）管道支吊架。它是支承管道或约束管道位移的各种结构的总称，但不包括土建的结构。它包括固定支架、滑动支架、刚性吊架、导向架、限位架和弹簧支吊架等。管道支吊架在国家标准 GB 50235—2010《工业金属管道工程施工规范》中也称为管道支承件，包括管道安装件和附着件。

① 管道安装件。它是指将负荷从管子或管道附着件上传递到支承结构或设备上的元件，包括吊杆、弹簧支吊架、斜拉杆、平衡锤、松紧螺栓、支撑杆、链条、导轨、锚固件、鞍座、垫板、滚柱、托座和滑动支架等。

② 附着件。它是用焊接、螺栓连接或夹紧的方法附装在管子上的零件，包括管吊、吊（支）耳、圆环、夹子、吊夹、紧固夹板和裙式管座等。

二、工业管道的识别色

根据管道内物质的一般性能，将工业管道内的物质分为八类，并相应规定了 8 种基本识别色和相应的颜色标准编号及色样，表 5-6。

表 5-6　工业管道的识别色

物质类型	基本识别色	颜色标准编号
水	艳绿	G03
水蒸气	大红	R03
空气	淡灰	B03
一般气体	中黄	Y07
氧气	淡蓝	PB06
酸或碱	紫	P02
可燃液体	棕	YR05
其他液体	黑	BL

三、压力管道的安全使用

（1）压力管道的设计选用

① 压力管道设计合理是压力管道安全运行的基本保证，因此压力管道要根据国家的标准进行设计。

② 合理选择材料也是管道安全的重要因素，因此要避免出现选材的差错。

（2）压力管道的使用。压力管道的可靠性首先取决于其设计、制造和安装的质量。压力管道由于介质和环境的侵害、操作不当、维护不力，往往会引起材料性能的恶化、失效，从而降低使用性能和周期，甚至发生事故。

① 压力和温度的控制。压力和温度是压力管道使用过程中的两个主要的工艺控制指标。使用压力和使用温度是管道设计、选材、制造和安装的依据。只有严格按照压力管道安全操作规程中规定的操作压力和操作温度运行，才能保证管道的使用安全。对管道表面的压力计和温度表应做好标示。

② 腐蚀性介质含量控制。压力管道的设计、选材、安装的焊接工艺、焊接材料、焊后热处理等，均取决于管道输送的介质类型、介质的成分及相应的运行工况。在用压力管道对腐蚀介质含量及工况，应有严格的工艺指标进行监控。腐蚀介质含量超标、原料性质恶劣，必然对压力管道造成危害。

例如，对于高强钢压力管道，硫化氢含量超过一定值，并在伴有水分的情况下，大大增加了管壁产生应力腐蚀开裂的可能性。压力管道介质成分的控制是压力管道运行控制中极为重要的内容之一。

（3）压力管道的质量监控和检验管理。压力管道的异常情况是逐渐形成和发展的，因此要加强压力管道在运转中的督查和定期检验，做到早期发现早期处理，防止事故的发生。质量检验是整个质量保证体系中十分重要的环节。压力管道的安全运行离不开质量检验，新装置在安装过程中也要及时做好质量检查。

在管道检验中，应着重留意以下易发生泄漏的部位：泵、压缩机的出口部位；膨胀节、三通、弯头、大小头、支管连接部位，以及排气排液部位、流动的死角部位；注入点部位，支吊架损坏部位的管道及焊缝；曾经出现过影响管道安全运行的部位；生产流程中的重要管道和重要装置，以及和关键设备直接连接的管道；工作条件恶劣及载荷反复变化的管道。

（4）压力管道标志管理。对停用的压力管道应张贴相应标志，同时对不同作用的压力管道也要贴上标志（图 5-4），方便辨认。

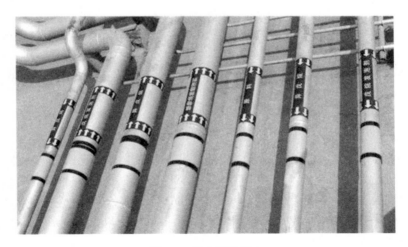

图 5-4　压力管道标志

（5）压力管道的档案管理。在压力管道管理的各项工作中，抓好技术档案资料管理同样重要。建立技术档案并通过档案管理，可以掌握每条管道在设计、制造、维修、检验、使用过程中遗留的质量问题。

请注意：必须强化控制管道的工艺操作指标和工艺纪律，并认真执行检查，这样才能保证压力管道的安全使用。

第六节　有限空间作业安全技术与管理

有限空间是指封闭或部分封闭，进出口较为狭窄有限，未被设计为固定工作场所，自然通风不良，易造成有毒有害、易燃易爆物质积聚或氧含量不足的空间。有限空间作业是指作业人员进入有限空间实施的作业活动。

一、有限空间的类型

有限空间分为以下三类。

（1）密闭设备：如船舱、储罐、车载槽罐、反应塔（釜）、冷藏箱、压力容器、管道、烟道、锅炉等。

（2）地下有限空间：如地下管道、地下室、地下仓库、地下工程、暗沟、隧道、涵洞、地坑、废井、地窖、污水池（井）、沼气池、化粪池、下水道等。

（3）地上有限空间：如储藏室、酒糟池、发酵池、垃圾站、温室、冷库、粮仓、料仓等。

二、有限空间的危险性

（1）中毒危害：有限空间容易积聚高浓度有害物质。有害物质可以是原来就存在于有限空间的，也可以是作业过程中逐渐积聚的。

（2）缺氧危害：空气中氧浓度过低会引起缺氧。

（3）燃爆危害：空气中存在易燃、易爆物质，其浓度过高遇火会引起爆炸或燃烧。

（4）其他危害：其他任何威胁生命或健康的环境条件。如坠落、溺水、物体打击、电击等。

三、有限空间作业规范及安全要求

（1）按照先检测、后作业的原则，凡是进入有限空间危险作业场所作业，必须根据实际情况先检测其氧气、有害气体、可燃性气体含量，将检测结果记录《有限空间作业审批表》内，符合安全要求后，方可进入作业。

（2）确保有限空间危险作业现场的空气质量，其中氧气含量：18％～23.5％，可燃气体含量应小于25％。

（3）有限空间危险作业进行过程中，在氧气浓度、可燃性气体浓度可能发生变化的危险作业中，应保持必要的测定次数或连续检测。

（4）作业时所用的一切电气设备，必须符合有关用电安全技术操作规程，照明应使用安全矿灯或12V以下的安全灯；使用超过安全电压的手持电动工具，必须按规定配备漏电保护器。

（5）作业人员进入有限空间危险作业场所作业前和离开时应准确清点人数，采取必要通风措施，保持有限空间空气流通良好。

（6）严禁无关人员进入有限空间危险作业场所，并应在醒目处设置警示标志。

（7）在有限空间危险作业场所，必须配备相应的抢救器具，以便在非常情况下抢救作业人员，必须设有专人现场监护。

（8）当作业人员在与输送管道连接的密闭设备（如油罐、反应塔、储罐、锅炉等）内部作业时，必须严密关闭阀门，装好盲板，并在醒目处设立禁止启动的标志。

（9）进入有限空间危险作业前应履行申报手续，填写《有限空间作业审批表》。逐项落实各项措施，经有限空间危险作业场所负责人和安全部门负责人审核、批准后，领取批准的"有限空间作业票"方可进入作业。

（10）作业（施工）完毕后，现场及时清理干净，安全监控员、操作人必须在表内签名确认。

（11）按规定正确穿戴劳动防护用品、防护器具和使用专业工具。

四、有限空间作业的管理

1. 有限空间作业的安全管理原则

（1）必须严格实行作业审批制度，严禁擅自进入有限空间作业。

（2）必须做到"先通风、再检测、后作业"，严禁通风、检测不合格作业。

（3）必须配备个人防中毒窒息等防护装备，设置安全警示标识，严禁无防护监护措施作业。

（4）必须对作业人员进行安全培训，严禁培训不合格人员上岗作业。

（5）必须制定应急措施，现场配备应急装备，严禁盲目施救。

（6）作业人员应熟悉所从事作业的风险和应急计划，掌握报警及联络方式。

（7）不见批准的"有限空间作业票"不作业。

（8）进入有限空间作业的任务、地点（位号）、时间与"有限空间作业票"不符的不作业。

（9）监护人不在场不作业。

（10）劳动防护着装和器具不符合规定不作业。遇有违反规定强令作业的情况，或安全措施没落实，作业人员有权拒绝作业。

2. 有限空间作业的安全管理要求

（1）进入有限空间作业，必须办理"有限空间作业票"。进入有限空间的作业负责人向有限空间所在基层单位提出申请，填写"有限空间作业票"中的申请栏内容并签字。

（2）车间作业负责人接到申请后，与作业单位负责人共同对作业进行风险识别并制定安全措施，在制定安全措施栏填写有关内容（如果作业票中列出的综合安全措施不能满足时，可增加补充措施）并确认后签字。同时，安排有关人员落实安全措施，并根据实际情况对有限空间内的氧气、可燃气体、有毒有害气体的浓度进行分析。

（3）车间领导应对现场进行全面检查核对，确认无误后，向作业人员进行施工安全交底，并在审批栏内签字，批准作业。作业现场负责人和监护人确认合格后，在安全措施落实栏内签字。

（4）"有限空间作业票"一式两联，第一联由监护人持有，第二联由车间留存。有限空间作业票不得涂改、代签，保存期一年。

（5）"有限空间作业票"有效期不超过24小时。装置全面停车检修期间，经全面检查合格后，"有限空间作业票"有效时间不超过72小时。作业期间如果安全措施发生变化，应立即停止作业，待处理达到作业的安全条件后，方可再进入有限空间作业。

（6）在有限空间作业期间，严禁同时进行各类与该有限空间相关的试车、试压或试验等工作，同时，在醒目位置放置有限空间作业安全告知牌（图5-5）。

图5-5　有限空间作业安全告知牌

第七节　检修作业安全技术与管理

一、检修作业安全技术

检修就是对机器进行检查和维修，以确保正常运行和安全生产。

人们常常错误地认为，检修不会有什么大的危险，事实是很多事故发生在检修作业中。

1. 检修作业危险分析

由于检修作业项目多、任务重、时间紧、人员多、涉及面广，又是多工种同时作业，故而危险性比较大，存在火灾爆炸、中毒窒息、触电、高处坠落和物体打击、机械伤害等危险。

（1）火灾爆炸是检修作业中经常遇到的危险之一。检修作业中，特别是化工企业生产中，其原料和产品大多数具有易燃易爆、高温高压的特性，在检修时容易出现化学危险物品泄漏或在设备管道中残存，在试车阶段则可能在设备中残存或混入空气，形成爆炸性混合气体，一旦发生火灾往往火势迅猛，损失严重。

（2）中毒窒息也是检修作业中经常遇到的危险。检修作业中，进入各类塔、球、釜、槽、罐、炉膛、锅筒、管道、容器、地下室、阴井、地坑、下水道或其他封闭场所的情况较多，检修前如果没有制定相关设施、设备检修安全操作规程，也未制定安全防护措施，也没有对转岗和新上岗员工进行安全技术教育，员工对突发事故不能正确处理，可能引起事故。

（3）在检修作业中，由于安全预防措施没有做到位，引发触电的事故也是非常多的。例如，不做临时接地线，电线绝缘损坏，作业人员进入禁区而失去了间隔屏障，作业人员不穿绝缘鞋、不戴电焊手套等导致触电事故发生。对于检修电气设备、设施、排除电气故障作业，必须办理停电申请，有双路供电的要同时停电，停电后还要当场验电，做临时接地线、挂警示牌；带电作业或在带电设备附近工作时，应设监护人，监护人的安全技术等级应高于操作人，工作人员应服从监护人的指挥，监护人在执行监护时，不应兼做其他工作等，这些措施没有做或没有做到位，可能引发检修出点触电事故的发生。

> 触电是检修作业中最危险的因素。

2. 检修作业前的准备工作

加强对检修的管理，在检修前做好相关的准备工作是非常重要的。制定好检修的方案和制定必要的安全措施是保障检修安全的重要环节。项目进行检修作业前必须严格按规定办理和规范填写各种安全作业票证。坚持一切按规章办事，一切凭票证作业，这是控制检修作业事故的重要手段。检修前，加强对参加检修作业的人员进行安全教育是保障安全检修的重要工作。要重点对检修人员进行有关检修安全规章制度、检修作业现场和检修过程中可能存在或出现的不安全因素及对策，检修作业过程中个体防护用具和用品的正确佩戴和使用，以及对检修作业项目、任务、检修方案和检修安全措施等方面内容的教育培训。

检修前的准备工作是非常重要的，主要包括以下几方面。

（1）根据设备检修项目要求，制定设备检修方案，落实检修人员、检修组织、安全措施。

（2）检修项目负责人必须按检修方案的要求，组织承担检修任务人员到检修现场，交代清楚检修项目、任务、检修方案，并落实检修安全措施。

（3）检修项目负责人对检修安全工作负全面责任，并指定专人负责整个检修作业过程的安全工作。

（4）设备检修如需高处作业、动火、动土、断路、吊装、抽堵盲板、进入设备内作业等，必须按规定办理相应的安全作业许可证。

（5）设备的清洗、置换、交出由设备所在单位负责，设备清洗、置换后应有分析报告。检修项目负责人应会同设备技术人员、工艺技术人员检查，并确认设备、工艺处理及盲板抽堵等符合检修安全要求。

3. 检修前的安全检查

检修前进行安全检查是保障作业条件和环境符合作业要求，发现和消除存在的危险因素的重要步骤。检查的重点内容一般包括以下几方面。

（1）对设备检修作业用的脚手架、起重机械、电气焊用具、手持电动工具、扳手、管钳、锤子等各种工器具，应认真进行检查或检验，不符合安全作业要求的工器具一律不得使用。

（2）对设备检修作业用的气体防护器材、消防器材、通信设备、照明设备等器材设备应经专人检查，保证完好可靠，并合理放置。

（3）对设备检修现场的固定式钢直梯、固定式钢斜梯、固定式防护栏杆、固定式钢平台、箅子板、盖板等进行检查，确保安全可靠。

（4）对设备检修用的盲板应按规定逐个进行检查，高压盲板必须经探伤合格后方可使用。

（5）对设备检修现场的坑、井、洼、沟、陡坡等，应填平或铺设与地面平齐的盖板，设置围栏和警告标志，夜间应设警示红灯。

（6）对有化学腐蚀性介质或对人员有伤害介质的设备检修作业现场，应确保有作业人员在沾染污染物后的冲洗水源。

（7）夜间检修的作业现场，应保证设有足够亮度的照明装置。

（8）需断电的设备，在检修前应确认是否切断电源，并经启动复查，确定无电后，在电源开关处挂上"禁止启动，有人作业"的安全标志并锁定。

（9）对检修所使用的移动式电气工器具，应确保配有漏电保护装置。

（10）将检修现场的易燃易爆物品、障碍物、油污、冰雪、积水、废弃物等，影响检修安全的杂物清理干净。

（11）检查、清理检修现场的消防通道、行车通道，保证畅通无阻。

4. 检修作业现场的防火防爆要求

（1）厂内严禁吸烟。

（2）动火作业必须按危险等级办理相应的《动火作业安全许可证》，并且只能在批准的期间和范围内使用，严禁超期使用。不得随意转移动火作业地点和扩大动火作业的范围，严格遵守一个动火点办一个《动火作业安全许可证》的安全规定。

（3）如需进入设备容器内或需在高处进行动火作业，除按规定办理《动火作业安全许可证》外，还必须按规定同时办理《进塔入罐安全作业许可证》或《高处作业安全许可证》。

（4）动火作业前，应检查电、气焊等动火作业所用工器具的安全可靠性，不得带病使用。

（5）使用 焊切割动火作业时，乙炔气瓶、氧气瓶不得靠近热源，不得放在烈日下暴晒，并禁止放在高压电源线及生产管线的正下方，两瓶之间应保持不小于

5m 的安全距离，与动火作业点明火处均应保持 10m 以上的安全距离。

（6）乙炔气瓶、氧气钢瓶内气体均不得用尽，必须留有一定的余压。乙炔气瓶严禁卧放。

（7）需动火作业的设备、容器、管道等，应采取可靠的安全隔绝措施，如加上盲板或拆除一段管线，并切断电源，清洗置换，分析合格，符合动火作业的安全要求。

（8）动火作业时，必须遵守有关动火作业的安全管理规定。

（9）在高处进行动火作业应采取防止火花飞溅的措施，5 级以上大风天气，应停止室外高处动火作业。

（10）严禁用挥发性强的易燃液体，如汽油、橡胶水等清洗设备、地坪、衣物等。

（11）禁止用氧气吹风、焊接，切割作业完毕后不得将焊（割）炬遗留在设备容器及管道内。

（12）动火作业结束后，动火作业人员应消除残火，确认无火种后方可离开作业现场。

5. 检修作业防中毒窒息安全要求

（1）凡进入各类塔、釜、槽、罐、炉膛、管道、容器，以及地下室、窑井、地坑、下水道或其他封闭场所作业，均必须遵守有关进入有限空间作业的相关规定。

（2）未经处理的敞开设备或容器，应当作为密闭容器对待，严禁擅自进入，严防中毒窒息。

（3）在进入设备、容器之前，该设备、容器必须与其他存有有毒有害介质的设备或管道进行安全隔绝，如加盲板或断开管道，并切断电源，不得用其他方法如水封或阀门关闭的方法代替，并清洗置换，安全分析合格。

（4）若检修作业环境发生变化，检修人员感觉异常，并有可能危及作业人员人身安全时，必须立即撤出设备或容器。若需再进入设备或容器内作业时，必须对设备或容器重新进行处理，重新进行安全分析，分析合格，确认安全后，检修项目负责人方可通知检修人员重新进入设备或容器内作业。

（5）进入设备或容器内作业应加强通风换气，必要时应按规定配备防护器材。

（6）谨防设备或容器内逸出有毒有害介质，必要时应增加安全分析项数，加强监护工作。

（7）作业人员必须会正确使用气体防护器材。

6. 检修作业防触电安全要求

（1）电气设备检修作业必须遵守有关电气设备安全检修规定。

（2）电气工作人员在电气设备上及带电设备附近工作时，必须认真执行工作票等制度，认真做好保证安全的技术措施和组织措施。

（3）不准在电气设备、线路上带电作业，停电后，应将电源开关处熔断器拆下并锁定，同时挂上禁动警示牌。

（4）在停电线路和设备上装设接地线前，必须放电、验电，确认无电后，在工作地段两侧挂上接地线，凡有可能送电到停电设备和线路工作地段的分支线，也要挂地线。

（5）一切临时安装在室外的电气配电盘、开关设备，必须有防雨淋设施，临时电线的架设必须符合有关安全规定。

（6）手持电动工具必须经电气作业人员检查合格后，贴上标记，方能投入使用，在使用中必须加设漏电保护装置。

（7）电焊机应设独立的电源开关和符合标准的漏电保护器。电焊机二次线圈及外壳必须可靠接地或接零，一次线路与二次线路必须绝缘良好，并易辨认。一次线路中间严禁有接头。

（8）各单位应指定专人负责停送电联系工作，并办理停送电联系单。设备交出检修前必须联系配电室彻底切断电源，严防倒送电。

（9）一切电气作业均应由取得特种作业证的电工进行，无证人员严禁从事电气作业。

（10）作业现场所用的风扇、空压机、水泵等的接地装置、防护装置必须齐全良好。

7. 防高处坠落安全要求

（1）高处作业前，必须按规定办理《高处作业安全许可证》，采取可靠的安全措施，指定专人负责，专人监护，各级审批人员严格履行审批手续。审批人员应赴高处作业现场检查确认安全措施后，方可批准。

（2）严禁患有"高处作业职业禁忌症"的员工参与高处作业。

（3）高处作业用的脚手架的搭设必须符合规范，按规定铺设固定跳板，必要时跳板应采取防滑措施，所用材料必须符合有关安全要求，脚手架用完后应立即拆除。

（4）高处作业所使用的工具、材料、零件等必须装入工具袋内，上下时手中不得持物，输送物料时应用绳袋起吊，严禁抛掷。易滑动或易滚动的工具、材料堆放在脚手架上时，应采取措施，防止坠落。

（5）脚踩石棉瓦等轻型材料作业时，必须铺设牢固的脚手架，并加以固定，脚手架应有防滑措施。

（6）高处作业与其他作业交叉进行时，必须按指定的路线上下，禁止上下垂直作业；若必须垂直进行时，应采取可靠的隔离措施。

8. 防机械伤害安全要求

（1）所有机械的传动、转动部分，以及机械设备易对人员造成伤害的部位，均应有防护装置，没有防护装置不得投入使用。

（2）机械设备启动前应事先发出信号，以提醒他人注意。

（3）打击工具的固定部位必须牢固，作业前均应检查其紧固情况，合格后方可投入使用。

9. 起重作业安全要求

（1）起重机械、器具必须事先检查合格，起重作业过程中不能有滑动、倾斜现象。

（2）当重物起吊悬空时，卷扬机前不得站人。

（3）正在使用中的卷扬机，如发现钢丝绳在卷筒上的绕向不正，必须停车后方可校正。

（4）卷扬机在开机前，应先用手扳动机器空转一圈，检查各零部件及制动器，确认无误后再进行作业。

（5）严禁超载使用。

10. 防中暑安全要求

（1）各单位应备足防暑降温用品，以供检修人员使用，严防中暑。

（2）各单位所供防暑降温饮料等应符合食品卫生标准，防止食物中毒或肠道疾病发生。

（3）在确保大修项目任务完成的前提下，各单位可自行调整作息时间，以避开高温。

11. 检修结束后的安全要求

（1）检修项目负责人应会同有关检修人员，检查检修项目是否有遗漏，工器具和材料等是否遗漏。

（2）检修项目负责人应会同设备技术人员、工艺技术人员，根据生产工艺要求检查盲板抽堵情况。

（3）因检修需要而拆移的盖板、篦子板、扶手、栏杆、防护罩等安全设施要恢复正常。

（4）检修所用的工器具应搬走，脚手架、临时电源、临时照明设备等应及时拆除。

（5）设备、屋顶、地面上的杂物、垃圾等应清理干净。

（6）检修单位会同设备所在单位和有关部门，对设备等进行试压、试漏，调校安全阀、仪表和连锁装置，并做好记录。

（7）检修单位会同设备所在单位和有关部门，对检修的设备进行单体和联动试车，验收交接。

二、检修作业安全管理

1. 建立检修安全管理制度

由于检修作业的特殊性，加强对检修作业的管理是日常安全管理工作的重要内容，企业应建立检修安全管理制度，检修项目均应在检修前办理检修任务书，明确检修项目负责人，并履行审批手续，检修项目负责人必须按检修任务书要求，亲自或组织有关技术人员到现场向检修人员交底，落实检修安全措施，检修项目负责人对检修工作实行统一指挥、调度，确保检修过程的安全。只有把检修工作纳入到日常安全管理工作中，才能有效地控制事故的发生。

《检修安全作业证》制度是检修作业一项有效的管理制度，《检修安全作业证》一般由企业的设备管理部门负责管理，设备所在单位提出设备检修方案及相应的安全措施，并填写《检修安全作业证》相关栏目，检修项目负责单位提出施工安全措施，并填写《检修安全作业证》相关栏目。设备所在单位、检修施工单位对《检修安全作业证》进行审查，并填写审查意见，企业设备管理部门对《检修安全作业证》进行终审审批。

2. 实行"三方确认"制度

"三方确认"制度，也是一种保证检修作业过程安全的工作方法，是对作业现场的设备状况采取静态控制、动态预防，切断、制止有可能诱发事故根源的工作程序。"三方"是指生产岗位员工、电工、检修工。生产人员即生产班组的班组长或岗位设备主操作工，负责对检修方进行生产情况、作业环境的安全要求交底，主动联系、关闭或切断与待修设备相连通的电、水、气（汽）、料源，确认后悬挂"有人工作、禁止操作"的警示标牌；作业电工负责切断动力电源和操作电源，并分别挂上"有人工作、禁止合闸"的警示标牌，确保清理、检修设备处于无电状态；检修作业的负责人组织所有清理、检修人员，根据现场作业环境，做好清理、检修前的安全准备，即危险预知、事故应急预案、事故防范措施、应急处理等。"三方确认"制度主要包括以下几方面内容。

（1）清理、检修作业人员在接到清理、检修任务后，应持"三方确认"空白单，至被清理、检修岗位进行联络，被清理、检修岗位即生产运行岗位，接到需要清理、检修的部位后，联系电工对所要清理、检修的设备进行停电；三方同时确认确实已经停电，由电工挂上停电标志牌。

（2）以岗位为主，检修作业人员为副，针对需要检修的设备，根据生产实际流程和各种物料，即水、气（汽）、料的来龙去脉，共同查找有可能存在的串料、串水、串气（汽）等问题，采取与有关人员联系，停料、水、气（汽），挂警示标牌，必要时加隔离板等预防措施。措施执行以后，双方共同确认所做的措施是否完善，有无差错和遗漏，并做好记录。对于大型的检修作业，单位第一负责人要亲自组织确认。

（3）确认后三方必须在"三方确认"单上填写确认时间、工作人员姓名等。三方安全确认结束，即清理、检修作业前的防范措施到位后，清理、检修作业区的安全作业由清理、检修方负责。需要返工时，必须重新进行三方联络挂牌确认，重新制定安全防范措施，且措施到位后方可返工。

（4）三方确认完毕，措施到位，分别由生产人员、停电人员和清理、检修负责人，填写《检修作业三方安全确认单》（表5-7），签字生效。工作结束，清理、检修负责人通知生产人员验收，验收合格，由生产人员通知电工送电，并依次签写工作完毕确认单，存档备案。"三方确认"制度的实施，不管从员工的操作安全上，还是在设备的维护上，都起到了很好的推进作用；明确了作业者的责任，实现了作业之间互保和联保，降低了事故的发生率。

表 5-7　检修作业三方安全确认单

作业名称			作业地点	
参加人员				
作业时间		年　月　日　时至　年　月　日　时		
安全确认内容		(1)现场作业环境已安全交底;切断与待修设备相连通的水、料、气(汽)、电源,挂警示标牌,必要时要加装盲板		
		(2)检修方已做到危险预知,做好危险预案,制定作业方案,落实安全措施;待修设备已处于安全状态		
		(3)其他需要补充的内容:		
工作前	生产人员	岗位:　　　　签字:		月　日　时　分
	停电人员	停电:　　　　签字:		月　日　时　分
	检修负责人	单位:　　　　签字:		月　日　时　分
工作完	检修负责人	单位:　　　　签字:		月　日　时　分
	验收人员	单位:　　　　签字:		月　日　时　分
	送电人员	送电:　　　　签字:		月　日　时　分
备注				

第六章
现场目视安全管理

Chapter 06

第一节　设置安全标志和标语

一、安全标志

安全标志是由安全色、边框和以图像为主要特征的图形符号或文字构成的标志，用以表达特定的安全信息。安全标志分为禁止标志、警告标志、指令标志、提示标志和补充标志五大类，另外，还有安全警示线。

（一）禁止标志

禁止标志是禁止或制止人们做某件事。禁止标志的几何图形是带斜杠的圆环，其中圆环与斜杠相连，用红色；图形符号用黑色，背景用白色。我国规定的禁止标志共有 28 个。与制造业密切相关的禁止标志如图 6-1～图 6-12 所示。

图 6-1　"严禁烟火"标志　　　　　图 6-2　"非工作人员禁止入内"标志

（二）警告标志

警告标志是提醒人们预防可能发生的危险。警告标志的几何图形是黑色的正三角形、黑色符号和黄色背景。我国规定的警告标志共有 30 个。与制造业密切相关的警告标志如图 6-13～图 6-27 所示。

图 6-3 "禁止停留"标志

图 6-4 "禁止启动"标志

图 6-5 "禁止打手机"标志

图 6-6 "禁止堆放"标志

图 6-7 "禁止翻越"标志

图 6-8 "禁止鸣号"标志

图 6-9 "鸣笛"标志

图 6-10 "禁止爬楼梯"标志

图 6-11 "禁止通行"标志

图 6-12 "禁止照相"标志

图 6-13 "当心中毒"标志

图 6-14 "当心腐蚀"标志

图 6-15　"当心感染"标志

图 6-16　"当心弧光"标志

图 6-17　"当心电离辐射"标志

图 6-18　"注意防尘"标志

图 6-19　"注意高温"标志

图 6-20　"当心有毒气体"标志

图 6-21　"噪声有害"标志

图 6-22　"注意通风"标志

图 6-23　"注意安全"标志

图 6-24　"当心水灾"标志

图 6-25　"当心火灾"标志

图 6-26　"当心爆炸"标志

图 6-27 "当心触电"标志

图 6-28 "必须穿戴绝缘保护用品"标志

（三）指令标志

指令标志是必须遵守的意思，命令人们必须按要求做好某件事。指令标志的几何图形是圆形，蓝色背景，白色图形符号。指令标志共有 15 个，其中与制造业密切相关的指令标志如图 6-28～图 6-36 所示。

图 6-29 "戴防护镜"标志

图 6-30 "必须戴防毒面具"标志

图 6-31 "必须戴防尘口罩"标志

图 6-32 "必须系安全带"标志

图 6-33 "必须戴防护耳器"标志

图 6-34 "必须戴防护手套"标志

图 6-35 "必须穿防护鞋"标志

图 6-36 "必须穿防护服"标志

（四）提示标志

提示标志是为人们提供目标所在位置与方向的信息。提示标志的几何图形是方形，绿、红色背景，白色图形符号及文字。提示标志共有 13 个，与制造业密切相关的提示标志如图 6-37～图 6-42 所示。

图 6-37 "左行安全出口"标志

图 6-38 "右行紧急出口"标志

图 6-39 "直行紧急出口"标志

图 6-40 "应急疏散方向"标志

（五）补充标志

补充标志是对前述四种标志的补充说明，以防误解。

补充标志分为横写和竖写两种。横写的为长方形，写在标志的下方，可以和标志连在一起，也可以分开；竖写的写在标志杆上部。

补充标志的颜色：竖写的，均为白底黑字；横写的，用于禁止标志的用红底白

图 6-41 "急救站"标志

图 6-42 "救援电话"标志

字，用于警告标志的用白底黑字，用带指令标志的用蓝底白字。

（六）安全警示线

安全警示线用于界定和划分危险区域，向人们传递某种注意或警告的信息，以避免人身伤害。安全警示线包括禁止阻塞线、减速提示线、安全警戒线、防止踏空线、防止碰头线、防止绊脚线和生产通道边缘警戒线等，如图 6-43～图 6-49 所示。

图 6-43 禁止阻塞线

警示线按颜色分有红色警示线、黄色警示线、绿色警示线。

红色警示线是将严重危险源与其他区域分隔开来。一般设置与高毒物品作业场所、放射工作场所、存在严重危险源事故的场所周边。比如限佩戴相应防护用品的专业人员进入区域；生产、储藏、运输和使用高毒物品、放射源的作业场所等，如图 6-50 所示。

黄色警示线是将一般危险源与其他区域分隔开来。一般设置在存在一般危险源事故的现场周边。比如限佩戴相应防护用品的专业人员进入区域；生产、储藏、运

图 6-44　减速提示线

图 6-45　安全警戒线

图 6-46　防止踏空线

输和使用高毒物品、放射源的作业场所；进入此区域人员必须进行洗消处理等，如图 6-51 所示。

　　绿色警示线是将救援人员与公众隔离开来。一般设置在事故现场救援区域周边。比如患者的抢救治疗、指挥机构设置区域、可能发生急性中毒的作业场所等，如图 6-52 所示。

图 6-47　防止碰头线

图 6-48　防止绊脚线

二、作业场所安全标志及其使用

（一）安全标志牌的制作

安全标志牌的制作必须根据相关标准执行。安全标志牌都应自带衬底色，用其边框颜色的对比色，将边框周围勾一窄边即为安全标志的衬底色，但警告标志边框则用黄色勾边，衬底色最少宽 2mm，最多宽 10mm。有触电危险场所的安全标志

图 6-49　生产通道边缘警戒线

图 6-50　红色警示线

图 6-51　黄色警示线

图 6-52　绿色警示线

牌，应当使用绝缘材料制作。

（二）安全标志牌型号的选用

安全标志牌根据尺寸大小，可分为 7 种型号，1 型最小，依此类推，7 型最大。型号选用规定如下。

（1）工地、工厂等的入口处设 6 型或 7 型。

（2）车间入口处、厂区内和工地内设 5 型或 6 型。

（3）车间内设 4 型或 5 型。

（4）局部信息标志牌设 1 型、2 型或 3 型。

（5）在工厂内，当所设标志牌其观察距离不能覆盖全厂或全车间面积时，应多设几个标志牌。

（三）安全标志牌的设置及使用注意事项

1. 安全标志的设置场所

以下场所应设立安全标志。

（1）作业场所：使用或放置有毒物质和可能产生其他职业病危害的作业场所。

（2）设备：可能产生职业病危害的设备上或其前方醒目位置。

（3）产品外包装：可能产生职业病危害的化学品，放射性同位素和含放射性物质材料的产品外包装，应设置醒目的警示标志和简要的中文警示说明。警示说明应载明产品特性、存在的有害因素、可能产生的危害后果、安全使用注意事项，以及应急救治措施等内容。

（4）储存场所：储存有毒物质和可能产生其他职业病危害的场所。

（5）发生职业病危害事故的现场。

2. 安全标志牌设置的高度

标志牌的设置高度，应尽量与人眼视线高度相一致。标志牌与人视角的夹角应接近 90°。

3. 安全标志牌设置的位置

安全标志牌的设置位置及注意事项如下。

（1）应设在与职业病危害工作场所相关的醒目位置，并保证在一定距离和多个方位能够清晰地看到其表示的内容。

（2）在较大的作业场所，应按照相关标准规定的布点原则和要求设置安全标志。岗位密集的作业场所应当选择有代表性的作业点，设置一个或多个安全标志；分散的岗位应当在每个作业点分别设置安全标志。

（3）安全标志不得设置在门、窗等可活动物体上；安全标志前不得放置妨碍视线的障碍物。

（4）安全标志设置的位置应具有良好的照明条件。

（5）标志牌应设在相关安全部位，并确保醒目。环境信息标志宜设在相关场所的入口处和醒目处；局部信息标志应设在所涉及的相关危险地点或设备（部件）附近的醒目处。

（6）多个标志牌一起设置时，应按警告、禁止、指令、提示的顺序，先左后右、先上后下地排列。

（7）标志牌的固定方式分为附着式、悬挂式和柱式三种。无论使用哪一种方式，设置都应确保牢固、稳定。

（8）安全标志牌每年至少检查一次，如发现有破损变形、褪色等不符合要求时应及时修整或更换。

三、作业场所安全标语的张贴

安全生产标语是安全宣传的一个重要内容，它可以起到警示、鼓动、激励的作用。安全标语也是企业安全文化的重要组成部分，不仅对企业员工起到警示作用，更重要的是以一种人性的文化形式提高全员安全意识。好的安全标语如同和风细雨，润物无声胜有声。如何选择和布置安全标语，并不仅仅是简单的拼凑，而要充分考虑到员工的心理因素和现场的环境因素，做到完美的统一。

（一）安全标语的三忌

1. 忌形式过于老套

有的标语流传时间较长，人们看后司空见惯，起不到应有的警示与鼓动作用。当然，也有一些脍炙人口的佳句长期流行，但总体上应避免内容空洞的一些老掉牙的句子。

2. 忌缺少人情味

有些安全标语，板着面孔训人，说话过于绝对，如"违章操作，就是自杀和杀人"、"不讲安全，下岗回家"等。且不论标语本身是否合乎逻辑，我们要看到标语的本质作用是提高人们的警惕性，而如果总是采用威胁式的口吻，严肃过头，则难以令员工接受，有时更会适得其反，起不到应有的作用。

3. 忌缺乏可操作性

如有些标语要求："彻底杜绝隐患"……众所周知，隐患是绝对存在的，这些标语只能代表人们的一种美好愿望和理想追求，在现实中是无法真正实现的。标语如果舍本逐末，去强调不可能达到的目标，警示作用自然也无法达到。

（二）安全标语的取舍应做到三要

1. 要注意做到与周边环境的完美统一

规划与布置的学问从来都是一种美学，其关键在于如何与环境相协调。比如，关于企业全局性的安全理念应安放在非常醒目、开放性的位置，而现场则可依据安全隐患的主次关系选择，防火重点部位、检修间、运行操作区域的安全标语是有所不同的。

2. 要突出本企业安全工作的重点和难点

有些企业从网上、书上或委托厂家找到安全标语，随意一贴，重点不突出。每个企业都有每个企业的发展历程和发展战略，宣传工作一定要紧跟企业的发展，不能一成不变。标语也是一样，要做到与时俱进，方能最大限度地发挥标语的警示作用。

3. 要充分考虑人性化

一句口号是否能深入人心，引起员工共鸣，不仅要看它是否道出了员工愿望，还要看如何表述出来，这就涉及人性化的问题。标语建设要把关心人、理解人、尊重人、爱护人作为基本出发点，研究如何采取动之以情、晓之以理的方式方法，适应员工的心理和文化需求，增加安全生产标语亲和力和感染力，避免居高临下式的空洞说教。

第二节　目视安全实操技巧

一、安全标语和标准作业看板

工厂是人、物、设备的集合体，意外事件发生的概率，比一般家庭大得多，但真正发生的机会又不大，所以很容易被忽略。一旦发生意外，其后果却是无法估计的，所以工厂意外事件的防范，绝对不能掉以轻心。

在工厂的各个地方张贴安全标语，提醒大家要重视安全，降低意外事件的发生率。以下提供一些可在工厂张贴的安全标语供参考。

安全标语七十条：

（1）安全第一，预防为主

（2）人人讲安全，安全为人人

（3）人人讲安全，事事为安全；时时想安全，处处要安全

（4）安全人人抓，幸福千万家

（5）安全生产，人人有责

（6）安全生产，重在预防

（7）生产必须安全，安全促进生产

（8）落实安全规章制度，强化安全防范措施

（9）安全生产责任重于泰山

（10）安全——我们永恒的旋律

（11）企业负责，行业管理，国家监察，群众监督

（12）寒霜偏打无根草，事故专找懒惰人

（13）甜蜜的家盼着您平安归来

（14）安全知识让你化险为夷

（15）安全勤劳，生活美好

（16）抓好安全生产，促进经济发展

（17）传播安全文化，宣传安全知识

（18）安全来于警惕，事故出于麻痹

（19）防微杜渐，警钟长鸣

（20）人人讲安全，家家保平安

（21）严是爱，松是害，搞好安全利三代

（22）防事故年年平安福满门，讲安全人人健康乐万家

（23）健康的身体离不开锻炼，美满的家庭离不开安全

（24）安全是家庭幸福的保证，事故是人生悲剧的祸根

（25）劳动创造财富，安全带来幸福

（26）质量是企业的生命，安全是员工的生命

（27）为安全投资是最大的福利

（28）安全是最大的节约，事故是最大的浪费

（29）麻痹是最大的隐患，失职是最大的祸根

（30）安全生产，生产蒸蒸日上；文明建设，建设欣欣向荣

（31）不绷紧安全的弦，就弹不出生产的调

（32）安全花开把春报，生产效益节节高

（33）忽视安全抓生产是火中取栗，脱离安全求效益如水中捞月

（34）幸福是棵树，安全是沃土

（35）安全保健康，千金及不上

（36）安全为了生产，生产必须安全

（37）宁绕百丈远，不冒一步险

（38）质量是安全基础，安全为生产前提；疏忽一时，痛苦一世

（39）生产再忙，安全不忘

（40）小心无大错，粗心铸大过

（41）时时注意安全，处处预防事故

（42）粗心大意是事故的温床，马虎是安全航道的暗礁

（43）蛮干是走向事故深渊的第一步

（44）眼睛容不下一粒砂土，安全来不得半点马虎

（45）杂草不除禾苗不壮，隐患不除效益难上

（46）万千产品堆成山，一星火源毁于旦

（47）安全是增产的细胞，隐患是事故的胚胎

（48）重视安全硕果来，忽视安全遭祸害

（49）快刀不磨会生锈，安全不抓出纰漏

（50）高高兴兴上班，平平安安回家

（51）秤砣不大压千斤，安全帽小救人命

（52）安全不离口，规章不离手

（53）安全是朵幸福花，合家浇灌美如画

（54）安全不可忘，危治不可忘乱

（55）想要无事故，必须下苦工夫

（56）入海之前先探风，上岗之前先练功

（57）筑起堤坝洪水挡，练就技能事故防

（58）骄傲源于浅薄，鲁莽出自无知

（59）防护加警惕保安全，无知加大意必危险

（60）骄傲自满是事故的导火线，谦虚谨慎是安全的铺路石

（61）镜子不擦拭不明，事故不分析不清

（62）事故教训是镜子，安全经验是明灯

（63）愚者用鲜血换取教训，智者用教训避免事故

（64）记住山河不迷路，记住规章防事故

（65）不懂莫逞能，事故不上门

（66）闭着眼睛捉不住麻雀，不学技术保不了安全

（67）熟水性，好划船；学本领，保安全

（68）管理基础打得牢，安全大厦层层高

（69）严格要求安全在，松松垮垮事故来

二、标准作业看板

有效地组合物质、机器和人，"丰田生产方式"称这种组合过程为作业组合，这一组合汇总的结果就是标准作业。标准作业组合，也就是在循环时间内，确定作业分配和作业顺序的手段。用图表的形式把人和机械工作的时间经过表示出来，便于目视管理。

标准作业组合把作业顺序、作业名称、时间、作业时间、循环时间表示在一个图表中就是标准作业看板。

标准作业是现场进行高效率生产的基础，是监督者管理工序的基础，也是进一步改善的基础。

通过标准作业看板，使大家在作业时，能有一些安全的示范，以避免意外事件出现。

三、安全管理看板

安全管理看板是用来宣传安全活动、张贴各种安全公告、指示等的看板，在工厂应用非常广泛，如图 6-53 所示。

四、安全图画与标示

生产作业现场内，有一些地方，如机器运作半径的范围内、高压供电设施的周围、有毒物品的存放场所等，如果不小心就很容易造成伤害，所以，基于安全上的考虑，这些地方应被规划为禁区。

大多数员工知道要远离这些禁区，但时间一久，警觉性会降低，潜在的意外发生率则无形中在增加，所以一定要采取目视的方式时常予以警示。

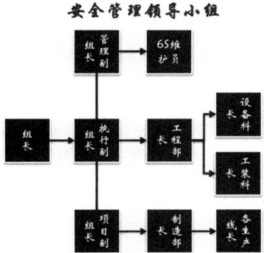

图 6-53　安全管理看板

（1）在危险地区的外围上，围一道铁栏杆，让人们即使是想进入，也无路可走；铁栏杆上最好再标示上如"高压危险，请勿走近"的文字警语。

（2）若没办法架设铁栏杆，可以在危险的部位，漆上代表危险的红漆，让大家心生警惕。

五、画上老虎线

在某些比较危险，但又容易为人所疏忽的区域或通道上，在地面画上老虎线（一条一条的黄黑线斑纹），如图 6-54 所示。借由人对老虎的恐惧心，来提醒员工注意，告诉员工，现在已经步入工厂"老虎"出没的地区，为了自身的安全，每个人都要多加小心。

图 6-54　老虎线

六、限高标示

场地不够用，许多企业，就会动"夹层屋"的脑筋，即向高空发展。因为一般工厂的厂房，比普通的建筑物每层的高度高许多，所以，这种夹层屋可以说是一种充分利用空间的好方法。

但它本身也会给企业带来一些负面的影响，最主要的就是搬运的问题了。因为这种"夹层屋"把厂房的高度给截去一部分，所以，搬运高度就受到限制。如果搬运的人没有注意到高度的限制，很可能会碰撞到夹层屋，所以最好运用目视的方法，让搬运的人注意到高度的限制。

1. 红线管理

假设厂房内搬运的高度是设限在 5m，在通道旁的墙壁上，从地面上量起 5m 的地方，画上一条红线，让搬运人员目测判断，他所运送的物品高度是否超过了红线（5m 处）。

2. 防撞栏网

在通道，设置防撞栏网，这个网的底部，距离地面的高度，刚好是 5m，当运输的物品高度，如果超过 5m，会先碰到这个栏网；碰到时，这个栏网并不会损害到所搬运的物品，但它却会发出一个信号，让搬运的人，很容易地知道已经超过限高，从而采取相应的措施。

七、易于辨识的急救箱

急救箱（图 6-55）最好放在显眼的地方，万一需要用到它的时候，可以迅速拿到。同时，要使每个人都事先知道它所在的位置。

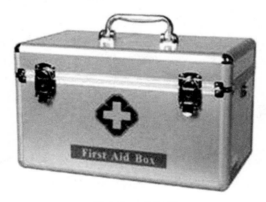

图 6-55　急救箱

一般的急救箱上，都会有一个很明显的红十字，有了这种明确的标示，一般人都会知道它是干什么用的。

八、紧急联络电话看板

在非上班时间，若有意外发生，值班人员除了立即报警之外，还会通知企业的有关主管，当然，报警及通知都是用电话来联络的，所以设立"紧急联络电话看板"很重要。

除了 110 及 119 这两个电话号码之外，附近的派出所、电力公司、自来水公司、煤气公司及各相关主管的电话号码，都可能会用到，但因为平时很少使用，所以不容易记住，一旦需要用到它们时，却可能找不到。

所以，若在警卫室或值班室内设置一个紧急联络电话表（表6-1），将相关联络对象的电话号码标示出来，有助于警卫或是值班人员提升应对紧急事件的应变能力。

表6-1　紧急联络电话表

联络对象		电话号码	备注
紧急响应机构	警察	110	
	消防	119	
	救护车	120	
	派出所		
	医院		
	自来水公司		
	煤气公司		
	电力公司		
公司有关人员	董事长		
	总经理		
	厂长		
	车间主任		
	班组长		

九、意外事件抢救顺序看板

当意外事件发生时，相信现场的所有员工，都想帮忙，但一般企业发生这种事件的概率并不高，所以，在面对这种必须当机立断来处理的情况时，大家往往会因没有处理的经验，而慌乱得手足无措。

意外事件的处理，往往要争分夺秒，但若大家乱了阵脚，势必会延误了抢救的时机，所以不妨在易发生灾害的场所，设置一些"意外事件抢救顺序看板"（表6-2），让大家在必要时，可以通过看板上的步骤与指示，能有一个标准动作可以依循，从而能掌握第一时间，减少意外事件的伤害。

表6-2　意外事件抢救顺序看板

序号	具体事项
1	
2	
3	

序号	具体事项
4	
5	
6	
7	
8	
9	
10	

第七章
企业消防安全管理

Chapter 07

第一节　消防基础知识

一、消防安全教育培训

防火宣传教育

（1）用各种形式进行防火宣传和防火知识的教育，如创办消防知识宣传栏、开展知识竞赛等多种形式，提高员工的消防意识和业务水平。

（2）定期组织员工学习消防法规和各项规章制度，做到依法治火。

（3）对新工人和变换工种的工人，进行岗前消防培训，进行消防安全三级教育，经考试合格方能上岗位工作。

（4）针对岗位特点进行消防安全教育培训。对火灾危险性大的重点工种的工人，要进行专业性消防训练，一年进行一次考核。

（5）对发生火灾事故的单位与个人，按"三不放过"的原则，进行认真教育。

（6）对违章用火用电的单位和个人，当场进行针对性的教育和处罚。

（7）各单位在安全活动日中，要组织员工认真学习消防法规和消防知识。

（8）对消防设施维护保养和使用人员，应进行实地演示和培训。

（9）对电工、木工、焊工、油漆工、锅炉工、仓库管理员等工种，除平时加强教育培训外，每年在班组进行一次消防安全教育。

（10）要对员工进行定期的消防宣传教育和轮训，使员工普遍掌握必要的消防知识，达到"三懂""三会"要求。

> "三懂"就是懂得本单位的火灾危险性，懂得基本的防火、灭火知识，懂得预防火灾事故的措施。
> "三会"就是会报警、会使用灭火器材、会扑灭初起火灾。

二、灭火剂

灭火剂是用来灭火的一种物质。当出现燃烧，或者发生火灾时，喷射到着火物质表面或者燃烧区内的灭火剂，就会通过物理作用和化学作用，使燃烧区内的氧含量降低，燃烧物与空气相隔离，燃烧物被冷却，燃烧连锁反应中断，导致着火物质失去燃烧条件，最终火灾被扑灭。以下着重介绍水、泡沫、干粉、二氧化碳四种灭火剂。

（一）水

1. 水的灭火原理

（1）冷却作用。水的汽化热和热容量都很大，当水与燃烧物接触时，水在被加热和汽化的过程中，会大大地吸收燃烧物的热量，使燃烧物温度急剧降低，燃烧停止。

（2）阻隔氧作用。当水与燃烧物接触时，水会大量急速汽化，产生水蒸气，水蒸气将燃烧物与空气和氧相隔离，燃烧减弱或停止。

（3）稀释水溶性可燃液体作用。水溶性可燃液体，发生火灾，在可以用水扑救的情况下，如果用水灭火，水与水溶性可燃液体相混合，就降低了可燃液体和可燃蒸气的浓度。随着灭火水量增加，可燃液体浓度低至可燃浓度之下，燃烧停止。

（4）水力冲击作用。通过水枪的高压水流，激烈冲击燃烧物或火焰，降低燃烧强度，可使燃烧停止。

2. 灭火出水形式

（1）直流水。由直流水枪喷出的柱状水，称为直流水。主要用于扑救一般固体物质的火灾。

（2）开花水。由开花水枪喷出的滴状水流，称为开花水。开花水的水滴直径大于 $100\mu m$，用于扑救一般固体物质的火灾。

（3）雾状水。由喷雾水枪喷出，水滴直径小于 $100\mu m$ 的水流，称为雾状水。用于扑救粉尘火灾、带电设备火灾，但是，雾状水的射程比较小。

3. 水的灭火禁忌

（1）如果着火物质能与水产生化学反应，不能用水灭火。

碱金属、碱土金属，以及其他轻金属，着火时，能产生高温，如果用水灭火，水在高温后就会分解，产生氢气，且大量放热，导致氢气自燃或爆炸。

电石着火时，如果用水灭火，水与电石就会发生化学反应，产生乙炔气，且大量放热，导致乙炔气爆炸。

由熔化的铁水或钢水引起的火灾，如果用水灭火，水在高温铁水或钢水作用下会快速分解，产生氢气和氧气，氢气和氧气在高温下产生爆炸。

（2）非水溶性可燃液体的火灾，一般不能用水灭火。非水溶性可燃液体着火，如果用水灭火，应容易产生暴沸，同时，可燃液体随水而流动，并伴随着燃烧，扩大了火灾的范围。但是，非水溶性可燃液体，如果其密度大于水，可用雾状水扑救火灾。

特别地，对于苯类、醇类、醚类、醛类、酮类、酯类及丙烯腈等储罐，如果用水扑救，水的密度相对较大，水就会沉下罐底部，在罐底部的水受热作用，出现暴沸，引起储罐内可燃液体与水飞溅、溢出，导致发生爆炸，火灾蔓延。

（3）精密仪器、贵重设备、图书、档案着火，不能用水灭火。水能使精密仪器、贵重设备、图书、档案等着火物质造成损坏，或者出现污渍。

（4）带电设备，特别是高压带电设备，不能用水灭火。用水灭火时，水流、水枪、人体相结合，能形成电气通路，容易导致消防人员发生触电。但是，如果用雾状水，并且保持相当安全距离，可以保证安全。

（5）在可燃性粉尘聚集处，发生火灾，不能用直流水扑救。在直流水作用，产生更多扬尘，加剧火灾。

（6）高温设备，发生火灾，不能用直流水扑救。直流水会使高温设备受急冷，引起设备变形、爆裂，损坏设备。

（7）浓硫酸等强酸，发生火灾，不能用直流水扑救。浓硫酸与水的混合，放出大量热量，使混合液暴沸、飞溅。浓硝酸、浓盐酸，受水流冲击，酸液飞溅、溢流、挥发，易引起爆炸，但是可用雾状水扑救此类火灾。

（二）泡沫

1. 泡沫灭火剂

泡沫灭火剂是扑救可燃易燃液体的有效灭火剂。泡沫灭火剂分为：空气泡沫灭火剂和化学泡沫灭火剂。泡沫液和水混合后形成混合液，混合液与空气一起，在泡沫产生器中再进行机械混合，变成空气泡沫灭火剂，又称为机械泡沫灭火剂。通过化学反应生成的灭火泡沫，称为化学泡沫灭火剂；化学泡沫灭火剂主要由硫酸铝和碳酸氢钠两种化学药剂组成。

企业的泡沫灭火系统，一般使用空气泡沫灭火剂。

2. 空气泡沫灭火剂的分类

空气泡沫灭火剂分为抗溶性泡沫灭火剂与非抗溶性泡沫灭火剂。

（1）非抗溶性泡沫灭火剂。动物或植物的蛋白质类物质，经水解作用形成非抗溶性泡沫液，它是普通蛋白质泡沫液。

非抗溶性泡沫液、水、空气，经过机械作用，以一定的比例相混合，形成膜状泡沫群，为非抗溶性泡沫灭火剂。

非抗溶性泡沫灭火剂，其构成中含有水分，不能被用于扑救醇、醚、酮等水溶性有机溶剂，也不能被用于扑救忌水物质的火灾。

（2）抗溶性泡沫灭火剂。在普通蛋白质水解液中，加入有机酸金属铬合盐，形成抗溶性泡沫液。抗溶性泡沫液、水、空气，经过机械作用，以一定的比例相混合，形成抗溶性泡沫灭火剂。

抗溶性泡沫液与水作用，生成有不溶于水的有机酸金属皂，有机酸金属皂在泡沫层上能组成致密的固体薄膜，固体薄膜能阻止醇、醚、酮、醛等水溶性有机溶剂吸收泡沫中的水分，保护了泡沫，使泡沫能持续覆盖在液面上，发挥灭火作用。

抗溶性泡沫灭火剂既能扑灭一般液体烃类的火灾，又可以扑灭醇、醚、酮、醛等水溶性有机溶剂的火灾。

（3）空气泡沫灭火剂的发泡倍数。低倍数泡沫，发泡倍数为 20 倍以下；中倍数泡沫，发泡倍数为 20～500 倍；高倍数泡沫，发泡倍数为 500～1000 倍。

3. 空气泡沫灭火剂的适用范围

（1）抗溶性泡沫灭火剂，用于扑救水溶性可燃液体火灾。

（2）非抗溶性泡沫灭火剂，用于扑救非水溶性可燃液体火灾，也用于扑救一般固体的火灾。

4. 空气泡沫灭火剂的灭火原理

（1）泡沫在燃烧物表面形成厚厚的泡沫覆盖层，覆盖层使燃烧物表面与空气隔绝，起到窒息灭火作用。

（2）覆盖在燃烧物表面的泡沫层，阻挡了火焰的热辐射，防止了可燃物受热蒸发而气化为可燃气。

（3）燃烧物表面的泡沫覆盖层受热蒸发产生的水蒸气，可以降低燃烧物表面附近的氧浓度，从而限制燃烧。

（4）覆盖层泡沫析出的液体，对燃烧物表面有较好的冷却作用。

5. 空气泡沫灭火剂的灭火禁忌

（1）不宜在高温下使用空气泡沫灭火剂。空气泡沫灭火剂主要是靠堆积的气泡群灭火。在高温下，气泡会受热膨胀，受到破坏，失去或降低灭火作用。

（2）非抗溶性泡沫灭火剂，不能用于扑救水溶性可燃、易燃液体的火灾。醇、醚、醛、酮类等有机溶剂，易溶于水，使泡沫遭到破坏。这种情况下，应该使用抗溶性泡沫灭火剂灭火。

（3）忌水的化学物质，发生火灾，不能用空气泡沫灭火剂灭火。

（4）高倍数泡沫灭火剂，不能用于扑救油罐火灾。高倍数泡沫比重很小，着火油罐的热气流升力很大，使泡沫无法覆盖到油面上。

6. 化学泡沫灭火剂的灭火原理

（1）硫酸铝与碳酸氢钠起化学作用，生成二氧化碳气体，二氧化碳气体与发泡剂作用，产生大量气泡。

（2）气泡泡沫的密度小，且有黏性，覆盖在燃烧物表面，实现燃烧物与空气阻隔。

（3）灭火产生的二氧化碳气体是一种惰性气体，不助燃。

7. 化学泡沫灭火剂的灭火禁忌

① 化学泡沫灭火剂不能用于扑救忌水化学物质的火灾；
② 化学泡沫灭火剂不能用于扑救忌酸化学物质的火灾；
③ 化学泡沫灭火剂不能用于扑救电气设备的火灾。

（三）干粉

1. 干粉灭火剂

在干粉灭火系统、手提式干粉灭火器、推车式干粉灭火器中，使用干粉灭火剂。干粉灭火剂分为碳酸氢钠干粉灭火剂和磷酸铵盐干粉灭火剂。碳酸氢钠干粉灭火剂，用于扑灭易燃液体、可燃气体和带电设备火灾；磷酸铵盐干粉灭火剂，用于扑灭可燃固体、可燃液体、可燃气体和带电设备火灾。

2. 干粉灭火剂的灭火原理

（1）大量干粉粉粒喷向火焰，吸收了火焰中的活性基团，从而中断燃烧的连锁反应，燃烧停止。

（2）干粉在火焰作用下，分裂为更小颗粒，增加了干粉与火焰接触的表面积，提高了灭火效力。

（3）粉雾喷向火焰，降低了火焰对燃烧物的热辐射。

（4）干粉在高温作用下，会放出结晶水或发生分解，除可以吸收火焰热量外，分解生成的不活泼气体还可稀释燃烧区的氧浓度。

3. 干粉灭火剂的灭火禁忌

（1）干粉灭火剂灭火后会留下残余物，因此干粉灭火剂不适用于扑救精密仪器设备的火灾。

（2）碳酸氢钠干粉灭火剂灭火后产生的二氧化碳，会与轻金属和碱金属发生化学反应，因此它不适用于扑救木材、轻金属和碱金属的火灾。

（四）二氧化碳

1. 物理性质

二氧化碳，不燃烧，不助燃，密度为空气的 1.5 倍，1L 液态二氧化碳，蒸发变为气态，体积扩大 460 多倍，同时温度下降至 $-78.5℃$。

液态二氧化碳，吸热，转变为固态，此时称为干冰，干冰再吸热，升华，转变为气态。

在空气中，二氧化碳的含量达 20%，会致人窒息死亡。

2. 灭火原理

（1）气体二氧化碳，压缩液化，装入瓶内；灭火时喷出，变为固体二氧化碳，再转变为气体二氧化碳，气体二氧化碳能起稀释燃烧区氧含量的作用，致使火焰因氧含量低而熄灭。

（2）气体二氧化碳比空气重，主要沉在下部空间，更有利于稀释燃烧区氧含量，同时有利于隔绝空气。

（3）二氧化碳从瓶中喷出后，经过由液体变为固体，再转变为气体的过程，这些过程，要吸收大量热量，对燃烧物起冷却作用，减缓燃烧。

3. 适用范围

（1）适用于扑救可燃液体、精密仪器、贵重设备、图书档案的火灾。

（2）适用于扑救 600V 以下电气设备火灾。

（3）适用于扑救固体物质火灾，有不留污损痕迹的优点。

4. 灭火禁忌

（1）不宜用于扑救钾、钠、镁、铝等金属火灾。

（2）不宜用于扑救过氧化钾、过氧化钠等金属过氧化物的火灾。

（3）不宜用于扑救有机过氧化物、氯酸盐、高锰酸盐、重铬酸盐、硝酸盐、亚硝酸盐等氧化剂的火灾。

三、灭火器

企业常备的消防器具是灭火器。常见的灭火器有 MP 型、MPT 型、MF 型、MFT 型、MFB 型、MY 型、MYT 型、MT 型、MTT 型，这些字母它们所代表的意思如下：

第一个字母 M——表示灭火器；第二个字母 F——表示干粉，P 表示泡沫，Y 表示卤代烷，T 表示二氧化碳；有第三个字母 T 的是表示推车式，B 表示背负式，没有第三个字母的表示手提式。

（一）手提式干粉灭火器

1. 手提式干粉灭火器（图 7-1）的分类

图 7-1　手提式干粉灭火器

（1）按充装灭火剂的重量大小分类。按充装灭火剂的重量大小，分为 1kg、2kg、3kg、4kg、5kg、6kg、8kg、10kg 手提式干粉灭火器。在工厂内，多用 4kg、6kg、8kg 手提式干粉灭火器。

（2）按充装灭火剂的类别分类。按充装灭火剂的不同类别，分为 BC 型手提式干粉灭火器、ABC 型手提式干粉灭火器。

（3）按加压方式分类。按加压方式，分为储气瓶式手提干粉灭火器和储压式手提干粉灭火器。

储气瓶式手提干粉灭火器分为外置式和内置式两种，外置式是作为动力源的二氧化碳（或氮气）小钢瓶安装在灭火器筒体的外侧，灭火剂在筒体内部；内置式是作为动力源的二氧化碳（或氮气）小钢瓶安装在灭火器筒体的内部，灭火剂位于二氧化碳（或氮气）小钢瓶外壁与灭火器筒体内壁之间的空间。

在工厂内，储气瓶式手提干粉灭火器使用不多，而其中的外置式灭火器使用更少。

储压式手提干粉灭火器，结构与储气瓶式手提干粉灭火器大致相同，不同点主要有：一是储压式手提干粉灭火器既没有外置二氧化碳（或氮气）小钢瓶，也没有内置二氧化碳（或氮气）小钢瓶；二是储压式手提干粉灭火器的驱动气体被直接充入灭火器筒体内，与筒体内干粉混合在一起，因而在灭火器的器盖上特设一块压力表，用于测量、显示筒体内驱动气体的压力。在正常情况下，压力表的指示压力应为 1.2MPa 左右。

在工厂内，一般使用储压式手提干粉灭火器。

2. 手提式干粉灭火器用灭火剂

（1）BC 型手提式干粉灭火器使用的灭火剂主要为碳酸氢钠干粉，占 90％以上，还含有硅化物作为防潮剂，含有云母粉作为保持灭火器内干粉疏松的物质。在碳酸氢钠干粉中加入硅化物和云母粉，目的是防止干粉结块，增强干粉的流动性。

在灭火器内，除装入碳酸氢钠干粉、硅化物及云母粉外，还充入带压力的干燥氮气或干燥二氧化碳气体。当打开灭火器开关时，带压力的干燥氮气或干燥二氧化碳就作为动力源，在气体压力作用下，干粉喷出，进行灭火。

（2）ABC 型手提式干粉灭火器使用的灭火剂主要为磷酸铵盐（磷酸三铵、磷酸二铵、磷酸二氢铵）干粉。在灭火器内，除装入磷酸铵盐干粉等外，还充入带压力的干燥氮气或干燥二氧化碳气体。当打开灭火器开关时，带压力的干燥氮气或干燥二氧化碳就作为动力源，在气体压力作用下，干粉喷出，进行灭火。

3. 手提式干粉灭火器适用灭火的范围

（1）BC 型手提式干粉灭火器适用于扑灭 B 类火灾（可燃液体火灾）、C 类火灾（气体或蒸气火灾）和带电的电气设备类的火灾。

（2）ABC 型手提式干粉灭火器适用于扑灭 A 类火灾（普通的固体材料火灾）、B 类火灾（可燃液体火灾）、C 类火灾（气体或蒸气火灾）和带电的电气设备类的火灾。ABC 型手提式干粉灭火器，又被称为通用干粉灭火器。

ABC 型手提式干粉灭火器能够用于扑灭 A 类火灾（普通固体材料火灾），而 BC 型手提式干粉灭火器不适于扑灭 A 类火灾（普通固体材料火灾），原因是 ABC 型手提式干粉灭火器使用的灭火剂主要组成为磷酸铵盐干粉，这种干粉喷射到着火物质上，具有抗复燃性；若使用 BC 型手提式干粉灭火器，扑灭普通固体材料火灾，易导致已扑灭的火灾在 1～2min 时间内再燃烧起来。但是，ABC 型手提式干粉灭火器比 BC 型手提式干粉灭火器价格要高一些。

使用干粉灭火器进行灭火后，根据火灾严重程度等具体情况，对燃烧点及时采取冷却降温措施，认真检查，防止复燃。

（3）BC 型手提式干粉灭火器、ABC 型手提式干粉灭火器不适宜扑救轻金属燃烧的火灾；对贵重物品、精密设备、机械、仪器、仪表灭火，会造成水渍、污染、腐蚀；对易扩散的易燃气体，如乙炔、氢气，由于没有稀释作用，效果也不好。

4. 手提式干粉灭火器的应用场所

（1）BC 型手提式干粉灭火器。主要应用于装置区、罐区、气体及液体装卸站、污水处理场、循环水场、码头等。

（2）ABC 型手提式干粉灭火器。主要应用于办公楼、食堂、倒班休息楼、会议室、门岗、招待所、仓库、停车场等。

5. 手提式干粉灭火器的型号

（1）BC 型手提式干粉灭火器。如果是储气瓶式的，用"MF＋灭火剂千克数"表示，例如型号 MF6；如果是储压式的，用"MFZ＋灭火剂千克数"表示，例如型号 MFZ6。其中"M"代表灭火器；"F"代表干粉灭火剂；"Z"代表储压式，如果型号中不带"Z"字母，就为储气瓶式灭火器；"6"代表充装干粉重量，数字共可以为"1、2、3、4、5、6、8、10"8 种型式。

（2）ABC 型手提式干粉灭火器。如果是储气瓶式的，用"MFL＋灭火剂千克数"表示，例如型号 MFL6；如果是储压式的，用"MF-ZL＋灭火剂千克数"表示，例如型号 MF－ZL6。其中"M"代表灭火器；"F"代表干粉灭火剂；"Z"代表储压式，如果型号中不带"Z"字母，就为储气瓶式灭火器；"L"代表 ABC 型干粉灭火器，如果型号中不带"L"字母，就为 BC 型干粉灭火器；"6"代表充装干粉重量，数字共可以为"1、2、3、4、5、6、8、10"8 种型式。

6. 手提式干粉灭火器的使用方法

拔掉保险销→一只手握住带喷嘴的橡胶管，另一只手抓起提把（下鸭嘴）→到达着火点→将喷射口对准火焰根部→压下压把（上鸭嘴）→喷出干粉→摆动摇摆喷嘴。

扑救油面火灾，要采取平射方式，由近及远进行。

7. 手提式干粉灭火器的维护管理

（1）放置环境要求

① BC 型干粉灭火器、ABC 型干粉灭火器的使用温度范围：储气瓶式干粉灭火器，$-10\sim+55℃$；储压式干粉灭火器，$-20\sim+55℃$。灭火器设置点的环境温度，不能超出其允许使用的温度范围。若放置灭火器环境温度过低，就有可能会影响到灭火器的喷射性能和灭火效率，甚至会出现瓶内灭火剂冻结，不能喷出灭火干粉的情况；若放置灭火器环境温度过高，会引起瓶内压力剧增，直接影响到灭火器的使用寿命，导致喷射压力过高，也易发生操作事故，甚至会出现瓶体爆炸事故。

② 放置在通风干燥，且不易受到酸、碱等腐蚀的地方。

③ 放置在避免日光曝晒，避免受到强辐射热或其他加热的地方。

④ 放置在既易于为人发现，又能够方便快速取用的场所，更重要的是，灭火器要放在当发生火灾时，人员既能够安全地靠近，又能够安全地取到并使用的

场所。

（2）储压式干粉灭火器压力表指示值要求

① 当压力表指针指在黄色区域，表示瓶内压力已大于 1.4MPa，属超压灭火器，应停止使用，查明原因，妥善处理，立即更换。

② 当压力表指针指在红色区域，表示瓶内压力已小于 1.0MPa，属欠压灭火器，应停止使用，查明原因，立即更换。

③ 当压力表指针指在绿色区域，表示瓶内压力在 1.0～1.4MPa 范围内，属压力合格的灭火器。

（3）灭火器其他要求

① 灭火器经过启用喷射，无论是否喷完干粉，都要立即更换，不得留下继续使用。

② 在室外放置的灭火器，要放入灭火器箱内，以使灭火器得到妥善保护。一个灭火器箱，一般应放置有两个灭火器。无论是在室内还是在室外，每个放置点，至少都应放置有两个灭火器。

③ 灭火器箱应为红色，没有严重腐蚀，箱门要关闭完好，箱内不能有进水。灭火器箱的放置要平稳，必要时应有防止受台风影响而倾翻或从高处吹落的固定措施。

④ 灭火器本体不能有腐蚀现象，喷射软管不能有明显老化开裂现象。

⑤ 轻拿轻放，防止灭火器受到撞击。

⑥ 选择所放置灭火器的种类，如 ABC 干粉灭火器或者 BC 干粉灭火器，应根据灭火器的性能、放置场所特点、可能着火介质等情况，做到互相匹配。

⑦ 灭火剂不相容的灭火器，如碳酸氢钠灭火器与磷酸铵盐灭火器，不得在同一场所配置。

⑧ 每一个灭火器，都要明确有责任人，应在现场放置有检查记录卡片，至少每月检查记录一次。

⑨ 已到检验期，没有检验的灭火器，不能再使用。灭火器在出厂前，要先进行水压试验，后充装干粉，再出厂使用。从充装日期（又称生产日期）算起，达到 5 年时间，要更换干粉，并将灭火器再作水压试验；在满 5 年以后，每 2 年又要作水压试验等方面的检验。灭火器的水压试验、检验、维修，必须由具有专门资质的单位及人员进行。

考虑检验成本因素，新生产的灭火器也可以在使用五年后，即更换，不再进行水压试验。

⑩ 强制报废。储气式干粉灭火器，从生产日期算起，满 8 年，不能再进行水压试验和检验，不能再使用，必须强制报废。储压式干粉灭火器，从生产日期算起，满 10 年，不能再进行水压试验和检验，不能再使用，必须强制报废。

（二）推车式干粉灭火器

推车式干粉灭火器（图 7-2），同手提式干粉灭火器相比，在各方面都有很多

图 7-2　推车式干粉灭火器

相同之处，下面只阐述不相同部分的内容。

（1）在外形方面，推车式干粉灭火器带有车架、车轮等行走机构，灭火器筒体支承在车架、车轮上。当发生火灾时，用手动推动小车并运载灭火器行走，到达着火点，实施灭火。每月要对运载灭火器的小车进行检查，确保小车能够运动自如，转向灵活，与灭火器筒体连接牢固，附件没有欠缺。

（2）按灭火剂装填量分类，有 20kg、25kg、35kg、50kg、70kg、100kg 六种规格，通常使用 25kg、35kg 装两种。

（3）型号表达方法，同手提式干粉灭火器相比，多一个字母"T"，表示为推车式干粉灭火器。如 MFT25 表示为储气式推车干粉灭火器，灭火剂装填量是 25kg；MFTZ35 表示为储压式推车干粉灭火器，灭火剂装填量是 35kg。

（4）在存放点附近，要保持小推车的运行通道畅通无阻。

（5）储气瓶式推车干粉灭火器，从生产日期算起，满 10 年，不能再进行水压试验和检验，不能再使用，必须强制报废；储压式推车干粉灭火器，从生产日期算起，满 12 年，不能再进行水压试验和检验，不能再使用，必须强制报废。

（三）手提式二氧化碳灭火器

1. 手提式二氧化碳灭火器的分类

（1）按充装灭火剂重量分类。按充装灭火剂的重量大小，分为 2kg、3kg、

5kg、7kg 四种规格。通常情况下，手提手轮式二氧化碳灭火器，一般有 2kg、3kg 两种规格，手提鸭嘴式二氧化碳灭火器，一般有 5kg、7kg 两种规格。

（2）按结构特点分类。按结构特点，分为手轮式和鸭嘴式两种。手轮式二氧化碳灭火器的手轮和鸭嘴式二氧化碳灭火器的压把，都是作为开启灭火器之用。

手提鸭嘴式二氧化碳灭火器、手提手轮式二氧化碳灭火器如图 7-3、图 7-4 所示。

图 7-3　手提鸭嘴式二氧化碳灭火器简图

图 7-4　手提手轮式二氧化碳灭火器简图

2. 手提式二氧化碳灭火器用灭火剂

手提式二氧化碳灭火器，是在其内部充入高压液化二氧化碳作为灭火剂，依靠喷出二氧化碳来进行灭火。

3. 手提式二氧化碳灭火器适用灭火的范围

适用于扑救仪器仪表、贵重设备、图书资料、600V以下的电器，以及一般可燃液体的火灾。

4. 手提式二氧化碳灭火器的应用场所

适宜于配置在仪表间、配电室、化验分析室、研究分析室、图书室、资料室、档案室、计算机室、控制室。

5. 手提式二氧化碳灭火器的型号

手提式二氧化碳灭火器，如果是手轮式的，用"MT＋灭火剂千克数"表示，例如型号MT2、MT3；如果是鸭嘴式的，用"MTZ＋灭火剂千克数"表示，例如型号MTZ5、MTZ7。其中"M"代表灭火器；"T"代表二氧化碳灭火剂；"Z"代表鸭嘴式，如果型号中不带"Z"字母，就为手轮式灭火器；"2、3、5、7"代表充装二氧化碳灭火剂重量。

6. 手提式二氧化碳灭火器的使用方法

（1）手提手轮式二氧化碳灭火器的使用方法。握紧灭火器喷嘴→将喷嘴对准着火部位→拔掉铅封→按逆时针方向旋转手轮→喷射出二氧化碳灭火剂进行灭火。

（2）手提鸭嘴式二氧化碳灭火器的使用方法。左手抓住压把和提把→右手拔去保险插销→右手握紧灭火器喷嘴对准着火部位→左手压下压把→喷射出二氧化碳灭火剂进行灭火。

（3）在室外，不能逆风喷射；喷射急速，要注意防止冻伤手；为了防止复燃，应作连续喷射，同时喷完后，要作进一步检查，确认火灾已熄灭；二氧化碳是窒息性气体，要先撤出人员，才能在带封闭性空间内大量喷射二氧化碳，同时使用者也应注意自身安全，不能多人同时在封闭性空间内大量喷射二氧化碳。

7. 手提式二氧化碳灭火器的维护管理

（1）放置环境要求。应配置在阴凉、干燥、通风的环境，使用温度为−10～＋55℃，储存温度为−10～＋45℃，不能靠近热源、火源放置。应放置在既易于为人发现，又能够方便快速取用的场所，更重要的是，灭火器要放在当发生火灾时，人员既能够安全地靠近，又能够安全地取到并使用的场所。

（2）定期称重检查要求。使用前，应称重检查一次，称得的实际重量值，应与瓶身上用钢印标明的重量值相一致。以后每半年称重检查一次，称得的实际重量值，比在瓶身上用钢印标明的重量值少50g以上时，应更换灭火器，不能再使用。每次称重，都应作出记录。

（3）水压试验和检验要求

① 从充装日期（又称生产日期）算起，每5年时间，应进行水压试验和检验，重新充装二氧化碳，再投入使用。已到检验期，没有检验的灭火器，不能再使用。

② 灭火器经过启用喷射，无论是否喷完干粉，都要立即更换，或者进行水压试验和检验，重新充装二氧化碳，再投入使用。

③ 灭火器的水压试验、检验、维修，必须由具有专门资质的单位及人员进行。

考虑试验、检验成本因素，也可以是新生产的灭火器，在使用五年后，即更换，不再进行水压试验。

（4）其他要求

① 在室外放置的灭火器，要放入灭火器箱内，以使灭火器得到妥善保护。一个灭火器箱，一般应放置有两个灭火器。无论是在室内还是在室外，每个放置点，至少应放置有两个灭火器。

② 灭火器箱应为红色，没有严重腐蚀，箱门要关闭完好，箱内不能有进水。灭火器箱的放置要平稳，必要时应有防止受台风影响而倾翻或从高处吹落的固定措施。

③ 灭火器本体不能有腐蚀现象，喷射软管不能有明显老化开裂现象。

④ 轻拿轻放，防止灭火器受到撞击。

⑤ 每一个灭火器，都要明确有责任人，应在现场放置有检查记录卡片，至少每月检查记录一次。

⑥ 干粉灭火器的维护和使用管理，如生产厂家有特别要求的，应严格执行产品的有关说明。

（四）推车式二氧化碳灭火器

推车式二氧化碳灭火器（图 7-5），同手提式二氧化碳灭火器相比，在各方面都有很多相同之处，下面只阐述不相同部分的内容。

图 7-5　推车式二氧化碳灭火器

（1）在外形方面，推车式二氧化碳灭火器带有车架、车轮等行走机构，灭火器筒体支承在车架、车轮上。当发生火灾时，用手动推动小车并运载灭火器行走，到达着火点，实施灭火。每月要对运载灭火器的小车进行检查，确保小车能够运动自如，转向灵活，与灭火器筒体连接牢固，附件没有欠缺。

（2）按灭火剂装填量分类，有 20kg、25kg 两种规格。

（3）型号表达方法，同手提式二氧化碳灭火器相比，多一个字母"T"，表示为推车式干粉灭火器。如 MTT20、MTT25 都表示为推车式二氧化碳灭火器，灭火剂装填量分别是 20kg、25kg。

（4）在存放点附近，要保持小推车的运行通道畅通无阻。

四、扑救初起火灾的简易方法

1. 隔断可燃物

（1）将燃烧点附近可能成为火势蔓延的可燃物移走。

（2）关闭有关阀门，切断流向燃烧点的可燃气和液体。

（3）打开有关阀门，将已经燃烧的容器或受到火势威胁的容器中的可燃物料通过管道导至安全地带。

（4）采用泥土、黄沙筑堤等方法，阻止流淌的可燃液体流向燃烧点。

2. 冷却

冷却的主要方法是喷水或喷射其他灭火剂。

（1）本单位（地区）如有消防给水系统、消防车或泵，应使用这些设施灭火。

（2）本单位如配有相应的灭火器，则使用这些灭火器灭火。

（3）如缺乏消防器材设施，则应使用简易工具，如水桶、面盆等传水灭火。如水源离火场较远，到场灭火人员又较多，则可将人员分成两组，采取接力供水方法，即：一组向火场传水，另一组将空容器传回取水点，以保证源源不断地向火场浇水灭火。但必须注意：对忌水物资则切不可用水进行扑救。

3. 窒息

（1）使用泡沫灭火器喷射泡沫覆盖燃烧物表面。

（2）利用容器、设备的顶盖覆盖燃烧区，如盖上油罐、油槽车、油池、油桶的顶盖。

（3）油锅着火时，立即盖上锅盖。

（4）利用毯子、棉被、麻袋等浸湿后覆盖在燃烧物表面。

（5）用沙、土覆盖燃烧物。对忌水物质则必须采用干燥沙、土扑救。

4. 扑打

对小面积草地、灌木及其他可燃物燃烧，火势较小时，可用扫帚、树枝条、衣物扑打，但应注意，对容易飘浮的絮状粉尘等物质，则不可用扑打方法灭火，以防着火的物质因此飞扬，反而扩大灾情。

5. 断电

（1）如发生电气火灾，火势威胁到电气线路、电气设备，或威胁到灭火人员安全时，首先要切断电源。

（2）如使用一般的水、泡沫等灭火剂灭火，必须在切断电源以后进行。

6. 阻止火势蔓延

（1）对密闭条件较好的小面积室内火灾，在未做好灭火准备前，先关闭门窗，以阻止新鲜空气进入。

（2）与着火建筑相毗邻的房间，先关上相邻房门；可能条件下，还应再向门上浇水。

7. 防爆

（1）将受到火势威胁的易燃易爆物质、压力容器、槽车等疏散到安全地区。

（2）对受到火势威胁的压力容器、设备，应立即停止向内输送物料，并将容器内物料设法移走。

（3）停止对压力容器加温，打开冷却系统阀门，对压力容器设备进行冷却。

（4）有手动放空泄压装置的，应立即打开有关阀门放空泄压。

第二节　日常消防管理

一、消防器材的定位与标识

消防器材必须时刻准备好并做好标识，以便出现事故能及时、有效地使用。

1. 定位

找一个固定的场所放置灭火器等消防器材，并为其画线，以便在意外发生时及时采取措施。另外，假设现场的灭火器是悬挂于墙壁上的，当灭火器的重量超过18kg时，灭火器与地面的距离应低于1m；若重量在18kg以下，则灭火器与地面的距离不得超过1.5m。

2. 标示

企业内的消防器材常被其他物品遮住，这势必会延误救护的时机，所以，最好在放置这些器材的地方设置一个挑高的标志看板来增加其能见度。

3. 禁区

消防器材前面的通道一定要保持通畅，这样才不会造成取用时的阻碍，所以为了避免其他物品的占用，一定要在这些消防器材的前面规划出安全区，提醒大家共同来遵守安全规则。

4. 放大的操作说明

事故发生时，人难免会慌乱，极易造成对消防器材使用方法的记忆不清，所以，最好在放置这些消防器材的墙壁上，贴一张放大的操作步骤说明，以供所有人参考。

5. 明示更新日期

注意灭火器内的药剂是否逾期，一定要及时更新，确保灭火器的有效性。把灭火器的下一次换药期明确地标示在灭火器上，让全体员工注意安全。

二、火灾的预防

1.控制和消除着火源

实际生产、生活中常见的火源有生产用火、火炉、干燥装置（如电热干燥器）、烟筒（如烟囱）、电气设备（如配电盘、变压器等）、高温物体、雷击、静电等。这些火源是引起易燃易爆物质着火爆炸的常见原因，控制这些火源的使用范围和与可燃物接触，对于防火防爆是十分重要的。通常采取的措施有隔离、控制温度、密封、润滑、接地、避雷、安装防爆灯具、设禁止烟火的标志等。

例如在日常生产中就要谨慎用火，不要在易燃易爆物品周围使用明火；要注意着火源与可燃物隔离，灯具等易发热物品不能贴近窗帘、沙发，隔离木板等易燃物品；在配电盘下不许堆放棉絮、泡沫等易燃物品；要养成好的用火习惯，不乱扔火种烟蒂；易产生高温、发热的电气设备在使用过后要随手关闭电源，防止温度过高自行燃烧；一些易产生静电的电气设备应采取接地和避雷设施；在油库、液化气库等易挥发危险物品的存储空间均应采取防爆措施，避免电气设备在使用中产生的火花点燃危险物品而酿成火灾。

2.控制可燃物和助燃物

根据不同情况采取不同措施。如在建筑装修用品的选择中，以难燃或不燃的材料代替易燃和可燃材料；用不燃建材代替木材造房屋；用防火涂料浸涂可燃材料，提高其耐火极限。

对化学危险物品的处理，要根据其不同性质采取相应的防火防爆措施。如黄磷、油纸等自燃物品要隔绝空气储存；金属钠、金属钾、磷粉等遇湿易燃物品要防水防潮等。

3.控制生产过程中的工艺参数

工业生产特别是易燃易爆化学危险物品的生产，正确控制各种工艺参数，防止超温、超压和物料跑、冒、滴、漏，是防止火灾爆炸事故的根本措施。

防止超温采取除去反应热、防止搅拌中断、正确选择传热介质等；投料方面应严格控制投料速度、投料配比、投料顺序、原料纯度等。

4.防止火热蔓延

对危险性较大的设备和装置，应采用分区隔离的方法；安装安全防火、防爆设备，如安全液封、阻火器、单向阀、阻火阀门等。

三、日常消防安全管理

做好现场的安全工作，必须对防火、防爆知识有一定的了解。

1.燃烧的形成

可燃物质、燃烧环境与火源是产生火灾的三个必备条件。这三个条件必须同时具备，并相互结合、相互作用，燃烧才会发生。能引起火灾的火源很多，一般来说，可以分为直接火源和间接火源两类。

（1）直接火源，包括明火、电火花、雷电等。

（2）间接火源，包括加热引燃起火和物品本身自燃起火等。

2. 火灾的分类

根据物质燃烧的特性，一般将火灾划分为以下几类。

（1）固体物火灾。这种物质往往具有有机物性质，一般在燃烧时能产生灼热的余烬，如木材、棉、毛、麻、纸张等引起的火灾。

（2）液体火灾与可熔化的固体物质火灾。液体火灾还可以分为油品火灾和水溶性液体火灾。油品火灾是指汽油、煤油、柴油、原油、重油、动植物油脂等引起的火灾；水溶性液体火灾是指甲醇、乙醇、甲醛、乙醛、丙酮、乙醚等有机溶剂引起的火灾。

（3）气体火灾。气体火灾指由如煤气、天然气、甲烷、乙烷、丙烷、氢气等引起的火灾。

（4）金属火灾。金属火灾指由钠、镁、钛、锆、锂、铝镁合金等引起的火灾。

3. 火灾产生的原因

（1）物质原因

① 烟火。在生产作业现场乱丢未熄灭的烟头，有可能引发火灾。

② 电火花。如电气短路造成火灾。

③ 机动车辆排气口喷出的火花。在易燃、易爆危险区域，机动车辆排气口喷出的火花，往往会酿成火灾或爆炸事故。

（2）思想意识和管理上的原因

① 安全教育没做好。

② 操作者违章作业或缺乏安全防火知识。

③ 设计和工艺不符合防火、防爆的要求。

④ 安全检查工作没有严格、仔细地执行。

4. 火灾及爆炸的危害

（1）火灾的危害

① 火灾产生的高温及火焰，易导致烧伤事故，严重的会导致人的死亡。

② 不完全的燃烧所产生的浓烟和一氧化碳，容易引起窒息和中毒死亡。

（2）爆炸的危害。爆炸产生的冲击波、冲击碎片等常会引发二次事故，造成较大范围的人、财、物的损失及伤害。

5. 常见的有毒物质

火场中常见的有毒物质主要有以下几种。

（1）不完全燃烧所产生的一氧化碳。

（2）工业用的部分气体，如煤气、天然气等。

（3）油漆、油脂、塑料、化纤及其他化学物质燃烧产物。

（4）氟、氯、溴、碘等卤化物蒸气。

（5）硫酸、甲醇、苯、汽油、二硫化碳等液体蒸气。

（6）有毒物质受热或燃烧分解出的有毒气体，如硫化氢、氯气等。

6. 防火、防爆的安全措施

工厂的火灾、爆炸等事故是危害最大的安全事故，必须采取相应的预防和处理措施，具体如下。

（1）自觉遵守消防法规、消防安全规章制度和安全操作规程，禁止并及时纠正各种违章行为，同时加强消防安全检查。

（2）工作现场禁止随便动用明火，可以张贴相关标签以示警示。如确需使用时，必须报请主管部门批准，并认真做好安全防范的相关工作。

（3）熟悉和掌握本单位、本工种、本岗位的火灾危险性和防火、防爆措施，以及处置火灾事故的应急预案。发现火灾事故隐患时，应及时向上级领导报告，并消除火灾隐患。

（4）积极参加和自觉接受消防安全教育培训，掌握必需的消防技能，如防火自救基本技能等。

（5）明确自己在灭火和应急处置预案中的义务及责任，积极参加消防演练。

（6）禁止携带火种进入生产现场或储存有易燃、易爆品的场所，严禁在厂区内吸烟，或工作现场内吸烟和乱扔烟头等有碍防火安全的不文明行为。

（7）对于使用的电气设施，如发现绝缘破损、老化、超负荷等不符合防火、防爆的要求时，应停止使用设备，并报告上级领导和主管部门予以解决；不得以任何理由带故障运行，防止火灾、爆炸事故的发生。

（8）对于生产车间内配备的防火、防爆工具和器材，要做好日常保养，不得损坏或擅自挪用、拆除、停用消防器材，不得堵塞消防通道和防火紧急疏散通道。

（9）对易燃、易爆的液体物质应安全存放，设置铁丝网禁止擅入。

（10）消防通道严禁停车，应设置禁止停车标志牌（图7-6）。

图7-6　"消防通道禁止停车"标志牌

7. 灭火的基本方法

通常采用的灭火基本方法有以下四种。

（1）冷却灭火法。将灭火剂直接喷洒在可燃物上，使可燃物的温度降低到自燃点以下，从而停止燃烧。例如，水、酸碱灭火器、二氧化碳灭火器等均有一定的冷却作用。

（2）拆移灭火法。拆移灭火法又称隔离灭火法，它是将燃烧物与附近可燃物质隔离或疏散开，从而使燃烧停止。例如，将火源附近的易燃、易爆物品转移到安全地点；关闭设备或管道上的阀门，阻止可燃气体、液体流入燃烧区等。

（3）窒息灭火法。窒息灭火法指采用适当的措施使燃烧物与氧气隔绝。火场上运用窒息法扑救火灾时，可采用石棉被、湿麻袋、砂土、泡沫等不燃或难燃材料覆盖燃烧物或封闭孔洞，也可用水蒸气、惰性气体（二氧化碳、氮气等）充入燃烧区域，或用水淹（灌注）的方法进行扑救。

（4）抑制灭火法。抑制灭火法指将化学灭火剂喷入燃烧区参与燃烧反应，中止链反应而使燃烧停止。采用这种方法可使用的灭火剂有干粉和卤代烷灭火剂。灭火时，将足够量的灭火剂准确地喷射到燃烧区内，使灭火剂阻止燃烧反应，同时还需采取必要的冷却降温措施，以防复燃。

8. 常用的防爆措施

（1）对于一些容易导致爆炸危险的物品或化学品，要划分专门区域进行管理。

（2）严格控制着火源，包括明火、摩擦火、电火等。

（3）要配备一些安全装置，如泄压装置、指示装置、报警装置等。

第三节　消防供配电系统

在工厂内，应设置一个向消防用电设备供给电能的独立系统，这就是消防供配电系统。如果消防检测、报警用电源不能正常供电，当有火情发生时，就不能实施火情检测并报警；如果消防灭火设备用电源不能正常供电，当有火灾发生时，就不能紧急有效实施灭火。因此，消防供配电系统的运行必须十分安全可靠。

一、消防供配电系统的组成

消防供配电系统由供电电源、配电装置和用电设备三部分组成。

（一）供电电源

供电电源有主电源和应急电源：主电源是指电力系统电源；应急电源是指自备柴油发电机组、蓄电池、UPS 电源。

在工厂内，主要使用两种应急电源：一是蓄电池；二是 UPS 电源。

应急电源是不停电电源，对于停电时间控制要求特别严格的用电设备，使用这种不停电应急电源进行连续供电。

（二）配电装置

配电装置的作用是对电源进行保护、监视、分配、转换、控制，并向消防用电设备输配电。

配电装置有低压开关柜、动力配电箱、照明配电箱、应急电源切换开关箱、配电线路干线和支线。配电装置应设在不燃区域内；如设在防火区，要有一级耐火结构。

（三）用电设备

消防用电设备主要有消防水泵、消防控制室、变配电室，以及消防水泵房的照明灯具，还有发生火灾时的人员疏散照明灯具和方向指示标志灯具。

二、消防水泵房设备电源安全要求

消防水泵房用电设备用的电源，应满足现行国家标准《供配电系统设计规范》所规定的一级负荷供电要求。

（一）独立电源

一级负荷，应由两个独立电源供电。独立电源是指若干电源向用电点供电，任一电源发生故障或停止供电，其他电源将能保证继续供电。这若干电源中的任何一个电源，都算作是一个独立电源。独立电源应同时满足以下两个条件。

（1）每段母线的电源，来自不同的发电机。

（2）母线段之间没有联系，或者虽然有联系，但是当其中一段母线发生故障时，能自动断开联系，不影响其余母线供电。

（二）独立电源点

特别重要的一级负荷，应由两个独立电源点供电。

独立电源点是指重点强调几个独立电源来自不同的地点，当其中任一个独立电源点因故障而停止供电时，并不影响其他电源点继续供电。

以下情况，属于两个独立电源点供电：两个发电厂；一个发电厂和一个地区变电所；电力系统中的两个地区变电所。

在企业内，如果只有一个总变电所，对一级消防负荷供电，这种情况，就只能作为一个独立电源点对一级负荷供电。作为一级负荷供电之用，这个总变电所必须要有两个独立电源。

如果企业内有两个总变电所，对一级消防负荷供电，这种情况，就可作为两个独立电源点对一级负荷供电。

如果企业内只有一个总变电所对一级消防负荷供电，同时企业内部还有自备发电厂，这种情况，也可作为两个独立电源点对一级负荷供电。

在企业内可以设置柴油发电机，作为消防应急电源。柴油发电机可作为一个独立电源点。

三、厂区消防负荷等级的安全选择

电力网上消防用电设备消耗的功率，就是消防负荷。根据厂内装置、设施的使用性质、发生火灾扑救的难易程度及其重要性，将装置、设施内消防用电设备应采用的消防用电负荷等级分为三级。消防用电设备采用的供电电源和配电系统的负荷等级，必须符合其相应要求，不得降低负荷级别。

（一）一级负荷

以下消防用电设备，应按一级负荷要求供电：建筑高度超过 50m，且是属于乙类厂房、丙类厂房或丙类库房，其中的消防用电设备，应按一级负荷要求供电。

（二）二级负荷

以下消防用电设备，应按二级负荷要求供电：室外消防用水量超过30L/s的工厂、仓库；室外消防用水量超过35L/s的甲类和乙类液体储罐或储罐区；室外消防用水量超过35L/s的可燃气体储罐或储罐区；室外消防用水量超过25L/s的其他厂内公共建筑。

体积大于5000m³的甲类、乙类、丙类厂房；体积大于2000m³的丙类库房；体积大于5000m³的干式可燃气体储罐或储罐区。以上情况，其消防用电设备，也应按二级负荷要求供电。

二级负荷应由两个回路线路供电，两个回路要引自不同的变压器或母线段，在最末级的配电箱，要能实现两个回路自动切换使用。

（三）三级负荷

除应按一级负荷、二级负荷要求供电的消防用电设备外，其余消防用电设备，可按三级负荷要求供电。

四、消防主电源供电方式的安全选择

消防主电源的供电方式，有单回路放射式、双回路放射式、树干式和环式。单回路放射式、树干式属于无备用系统；双回路放射式、环式属于有备用系统。

（一）无备用系统单回路放射式

无备用系统单回路放射式供电方式，就是从电源点母线上引出的每一个专用回路，直接只向一个用户供电，在这个回路上再没有分支负荷，且用户受电端之间也没有联系。

无备用系统单回路放射式，当电源进线、变压器、母线或者开关发生故障时，都会使全部负荷供电中断，电源的可靠性差，这种方式只适用于对三级负荷供电，不能用于对一级、二级负荷供电。

（二）无备用系统树干式

无备用系统树干式，就是由电源点引出每回路干线，沿干线再接出分支线给各用户，如图7-7所示。

无备用系统树干式，出线前段线路为公用，导致线路上的干线或任一支线路发生故障，都会引起全线供电中断，电源的可靠性差，这种方式只适用于对三级负荷供电，不能用于对一级、二级负荷供电。

（三）有备用系统双回路放射式

有备用系统双回路放射式分为单电源双回路放射式和双电源双回路交叉放射式两种。

1. 单电源双回路放射式

单电源双回路放射式，因为是双回路，所以当一条线路发生故障或检修时，另

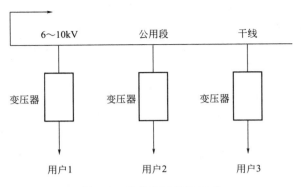

图 7-7   无备用系统树干式

一条线路可继续供电，不致停电。但是，因为是单电源，所以如果属电源本身故障，就仍然会导致停电。因此，这种供电方式适用于二级负荷，不能用于一级负荷，如图 7-8 所示。

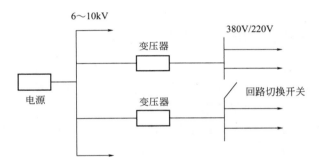

图 7-8   有备用系统单电源双回路放射式

2. 双电源双回路交叉放射式

双电源双回路交叉放射式，因为两个回路放射式线路连接在不同电源母线上，所以，即使是任一线路、任一电源发生故障，也能保证做到供电不中断。这种双电源、双回路、双负载，交叉放射式的供电方式，可靠性高，适用于一级负荷，如图 7-9 所示。

（四）有备用系统环式

有备用系统环式，就是将两路串联型树干式线路的末端连接起来，构成环状。从电源点引出干线，先进入一个受电点（用户）的高压母线，然后引出，再进入另一个受电点（用户）的高压母线，适用于二、三级负荷，如图 7-10 所示。

有备用系统供电方式比无备用系统供电方式的可靠性高，备用回路投入运行的切换方式有手动、自动和经常投入等几种。

五、消防用电设备应急电源

在厂内处于火灾应急状态时，向消防用电设备供电的独立电源，为应急电源。

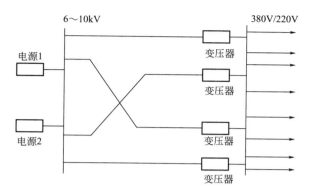

图 7-9　有备用系统双电源双回路交叉放射式

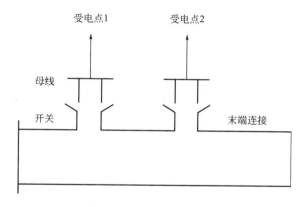

图 7-10　有备用系统环式

应急电源主要有蓄电池组、不停电电源（UPS）和柴油发电机组等几种。

（一）蓄电池组

火灾时，当电网电源一旦不能供电，蓄电池组就向火灾探测、变送转换、弱电控制、事故照明等设备提供直流电。同时也可利用逆变器，将直流电转变为交流电，作为交流应急电源，给不允许间断供电的交流负荷供电。蓄电池额定电压较低，当消防用电设备需要电压相对较高时，可串接蓄电池。

（二）不停电电源（UPS）

不停电电源共分为三部分，即整流器、蓄电池组、逆变器。整流器是将电网电压 380V/220V 三相或单相交流电转变成直流电；蓄电池组是与整流设备并接在消防负载上，当电网停电时，提供直流电源；逆变器是直流与交流的变流装置。在火灾应急照明或疏散指示标志的光源处，需要获得交流电时，可增加把蓄电池直流电变为交流电的逆变器。

（三）柴油发电机组

柴油发电机组，就是由柴油机与发电机组成的机组，是一种发电设备。柴油发电机组的运行，不受电力系统运行状态的制约，启动时间短，便于自动控制，是独立可靠的应急电源。

（四）主电源与应急电源的连接

（1）消防用电设备，正常由主电源供电，主电源在火灾中停电，应急电源应能自动投用，保证消防用电设备需要。同时，消防用电设备，如消防水泵电动机也应具有自启动功能。

（2）主电源与应急电源应有电气联锁，主电源运行，应急电源不允许工作；主电源中断，应急电源在规定时间投入运行。

（3）当应急电源用柴油机，不能在规定时间投入运行，就应设置有蓄电池或UPS电源作为过渡。主电源中断，柴油机又不能马上启动发电接上供电，在这个时间间隙，应自动投用蓄电池或 UPS 电源，在柴油机启动发电后，自动撤出蓄电池或 UPS 电源。主电源正常后，再手动或自动复位，由主电源供电。

（五）应急电源的供电时间

应急电源要保证有一定的持续供电时间，其中火灾应急照明为 20min、疏散指示标志为 20min、水喷淋灭火设备为 60min、火灾自动报警装置为 20min、防排烟设备为 30min。

六、消防用电线路安全要求

（一）双回路配电线路

双回路配电线路，要在末端配电箱处，进行电源切换。因为切换开关平时很少用，所以要定期对其检查、保养，防止锈蚀。

（二）消防用电线路

消防用电线路，包括以应急母线或主电源低压母线为起点，直到消防用电设备这个范围内的配线，应采用耐热配线和耐火配线。

当配线采用埋设方式时，可用普通电线电缆，但是，应将电线电缆穿金属管或阻燃塑料管进行保护，并埋入不燃烧体内。

当受条件限制，不能埋设，需要要明设时，应将保护电线电缆金属管、金属线槽涂上防火涂料。

第四节　消防给水与喷淋系统

一、消防给水系统

消防给水系统的作用是给全厂提供消防水源，它主要包括消防水源、消防水泵、消防给水管网、水消防栓、消防水炮和装置平台用消防竖管、水泵接合器七个部分。

（一）消防给水管网

消防给水管网，就是给消防栓、消防水炮、水喷淋系统、泡沫灭火系统，以及消防车提供消防水源的管网系统，如图 7-11 所示。

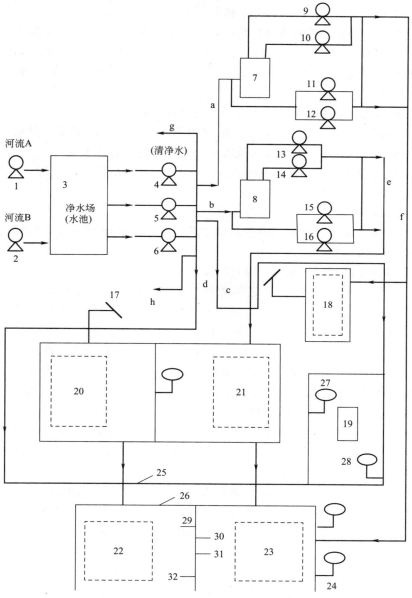

图 7-11　消防给水系统简图

a～h—管道；1,2—原水；3—净水场；4～6,9～16—消防水泵；

7,8—消防水池；17—水炮；18,20,21—工艺装置；19—生产管理区；22，23—罐区；

24—高压消防栓；25—低压消防水线；26—高压消防水线；27—低压消防栓；

28—最不利点消防栓；29～32—喷淋水系统管接头

（1）在消防用水由工厂水源直接供给时，工厂给水管网的进水管不应少于 2 条，当其中一条发生事故时，另一条应能通过 100％的消防用水量和 70％的生产、生活用水总量。在图 7-11 中，工厂给水管网的进水管，有从河流 A 和河流 B 引来的两条进水管，且 A、B 都设有主泵和备用泵。

（2）在消防用水由消防水池供给时，工厂给水管网的进水管，应能通过消防水池的补充水和 100％的生产、生活用水总量。在图 7-11 中，管道 a 和管道 b 可以分别给消防水池 7 和消防水池 8 补水。管道 a 和管道 b 是低压消防水，压力为 0.4～0.5MPa。

（3）石油化工企业宜建消防水池，并应符合下列规定。

① 水池的容量，应满足火灾延续时间内消防用水总量的要求，当发生火灾时能保证向水池连续补水，其容量可减去火灾延续时间内的补水量。

② 水池的容量小于或等于 1000m³ 时，可不分隔；大于 1000m³ 时，应分隔成 2 个，并设带阀门的连通管。

③ 水池的补水时间，不宜超过 48h。

④ 当消防水池与全厂使用的生活或生产安全水池合建时，应有消防用水不作他用的技术措施。

⑤ 在寒冷地区建设的水池，应有防冻措施。

（4）大型石油化工企业的工艺装置区、罐区等，应设独立稳高压消防给水系统，其压力宜为 0.7～1.2MPa，其他场所采用低压消防给水系统时，其压力应确保灭火时最不利点的消防栓水压，不低于 0.15MPa。

在图 7-11 中，工艺装置 18、20、21 及罐区 22、23 的周边，都设置有稳高压消防给水管道。在正常情况下，稳压泵 11、12 和稳压泵 15、16 工作，分别给管道 e、f 提供稳压消防水，最后进入工艺装置 18、20、21 及罐区 22、23 周边的稳高压消防给水管道，此时消防水为稳压状态，压力为 0.7～0.8MPa。在灭火情况下，因开动了水炮、消防栓、水喷淋等设施，管道消防水压力降低，高压消防泵 9、10 和高压消防泵 13、14 接收到管道消防水压力降低信号后，自动启动，此时消防水为高压状态，压力为 1.2～1.3MPa。

在图 7-11 中，在工艺装置区、罐区道路，以及一般生产管理区 19 周边，设有低压消防水管道，依靠管道 c、d 供给消防水，压力为 0.4～0.5MPa，并应确保灭火时最不利点消防栓 28 的水压不低于 0.15MPa。低压消防给水系统不应与循环冷却水系统合并。

（5）消防给水管道应环状布置。对于环状管道，其进水管数量，不应少于 2 条；环状管道应用阀门分成若干独立管段，每段消防栓的数量不宜超过 5 个。

在图 7-11 中，在工艺装置区、罐区的稳高压消防给水环状管道，都有多条供水管道；在工艺装置区、罐区道路及一般生产管理区 19 的环状低压消防给水管道，有两条管道 c、d 供给消防水。

（6）地下独立的消防给水管道，应埋设在冰冻线以下，距冰冻线不应小于 150mm。

（7）工艺装置区或罐区的消防给水干管的管径，应经计算确定，最小不宜小于 200mm。

（8）每季度要实际测试一次消防给水的实际流量和压力，发现问题，查明原因，实施整改。

（9）消防给水泵，每班盘车 1 次，每周试泵 1 次，定期润滑并做好记录。

（10）不能擅自停供消防水或将消防水降压，停供消防水、将消防水降压，或把消防水作为非灭火使用，都要经主管部门审批。

（二）装置平台用消防竖管

消防竖管的作用，是给装置高层框架平台提供消防水源或泡沫混合液。消防竖管为半固定式，当需要用于供给消防水时，则从消防栓或消防车接水源；当需要用于供给泡沫混合液，则从泡沫消防车或泡沫消防栓接泡沫混合液。

1. 消防竖管的设置要求

在工艺装置内，甲、乙类设备的框架平台，如果高度高于 15m，宜沿梯子，从地面至平台顶层，垂直敷设半固定式消防给水竖管。

（1）在各层平台梯口的竖管处，接出快速接头。要求快速接头前要安装阀门，快速接头应设在靠近各层梯口的位置，以便于着火时灭火人员快速连接水带和喷枪进行扑灭平台上的大火。如果将快速接头设在平台内部边角处，着火时灭火人员难于发现接头，或受大火影响，无法安全靠近接头进行连接水带和喷枪扑救火灾。

（2）当平台面积小于或等于 50m² 时，竖管管径不宜小于 80mm；当平台面积大于 50m² 时，竖管管径不宜小于 100mm。

（3）如果框架平台大于 25m，宜沿另一侧的平台梯子再增设消防竖管。

（4）消防竖管的间距不宜大于 50m。

2. 消防竖管的管理要求

（1）在每层平台的快速接头处，应配备消防器材箱，箱内装有两端连接好接头的水带，配备水枪（根据需要，配备泡沫枪）。

配备水带的压力等级应达到 1.3MPa，因为使用时，可能会出现先开前阀，后开后阀的情况，这样水带会出现短时憋压，如果水带的压力等级低，就会导致水带破裂。灭火时，稳高压泵启动增压，稳高压消防水系统压力一般为 1.2MPa 左右。

消防器材箱的箱门要关闭完好，箱体没有严重腐蚀。放在高处的消防箱，如果有受台风吹落可能的，要有紧固措施，以防止物件坠落，损坏设备或伤及人员。

至少每季度要检查一次水带，按期限更换。配置使用时间较长的水带，易出现内衬里或表层老化的问题，在这种情况下，加上水压，水带就会穿孔，大量漏水；两端连接好接头的水带，是依靠钢丝、紧扎钢带进行连接的，易出现钢丝、钢带没有绑扎牢固，或者绑扎用钢丝、钢带严重锈蚀的问题，在这种情况下，加上水压，水带即会在接头处甩出。

（2）在平台底层消防竖管的总阀处，要配备开阀扳手（如是蝶阀，带有开阀手柄）。

（3）每层平台用的快速接头，要盖上扣盖，加以保护；快速接头要求接口完好，管牙没有变形、断裂。

（4）总阀、快速接头前阀门，至少每季度要检查一次，开关灵活。

（5）要求使用管箍，将消防竖管固定在平台框架立柱上。

（6）消防竖管应刷为红色。

（7）水带、水带接头、消防竖管上的快速接头、枪头、消防栓接口、消防车接口等在规格、类型方面，要相互匹配，配套使用，能够实现快速、牢固、无泄漏连接。

要注意，消防竖管，无论是用于供给泡沫混合液，还是用于供给消防水，一般来说，都是给专职消防队员使用的。原因有二：一是专职消防队员训练有素，穿有防火服，他们到平台上灭火，相对较为安全，如果是普通人员到平台上灭火，危险性会大得多；二是在灭火状态下，已启动了消防水泵，平台上水带出水或出泡沫液的压力已由常态稳压 0.7～0.8MPa 升高至 1.2～1.3MPa，此时，专职消防队员可以把握住水带和喷枪，而普通人员就很难握紧水带和喷枪，容易被水带、喷枪、水柱击伤或击倒。可以根据具体情况，在现场不配备水带、水枪，只由消防队员随车配备。

（三）水消防栓

水消防栓的作用是给火灾现场提供消防水源。可以用消防车连接好水带，从水消防栓出口处接水源灭火；也可以用消防水带，一端接水消防栓出口；另一端接水喷枪，直接喷水灭火。如图 7-12 所示为自动喷水消防栓。

1. 水消防栓的规格要求

（1）在厂内用的水消防栓，公称直径主要有两种，分别是 100mm、150mm。

（2）公称直径为 100mm 的水消防栓，有三个出水口，其中一个出水口径为 100mm，供消防车取水用；另外两个出水口径都为 65mm，供连接水带（水带连有水喷枪）用，规格表示为：100×65×65。公称直径为 150mm 的水消防栓，也有三个出水口，其中一个出水口径为 150mm，供消防车取水用；另外两个出水口径，可以都为 65mm，也可以都为 80mm，供连接水带（水带连有水喷枪）用，规格表示为：100×65×65 或 100×80×80。

2. 水消防栓的压力等级要求

在厂内用水消防栓的压力等级，一般有两种，分别为 1.6MPa 和 1.0MPa。

3. 水消防栓的设置要求

（1）在工艺装置区、罐区宜用公称直径为 150mm 的水消防栓；在其他场所，可用公称直径为 100mm 的水消防栓。

（2）水消防栓与消防水管网的安装连接，从管网上引水，要注意，1.6MPa 的水消防栓要接在稳高压消防水管线上，也可以用在低压消防水管线上。稳高压消防水管线，平时是稳压状态，压力为 0.7～0.8MPa。当在定期试验消防泵正处于灭

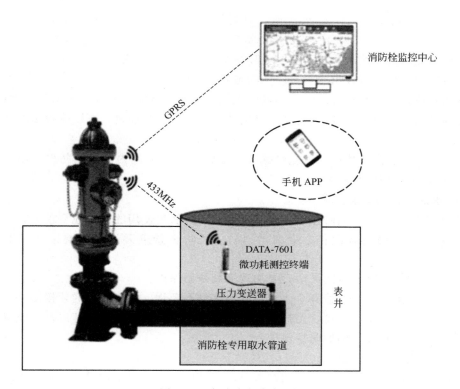

消防栓监控中心

GPRS

手机 APP

433MHz

DATA-7601
微功耗测控终端

压力变送器

表井

消防栓专用取水管道

图 7-12　自动喷水消防栓简图

火的时间内，会启动消防泵，此时管线则为高压状态，压力将达到 1.2～1.3MPa。也正因如此，1.0MPa 的水消防栓不能接在稳高压消防水管线上，要接在低压消防水管线上，低压消防水管线，压力为 0.4～0.5MPa。

（3）在工艺装置区、罐区、装卸设施等重要场所，应设置稳高压水消防栓，出水压力达到稳压 0.7～0.8MPa，高压 1.2～1.3MPa；一般场所，至少要设置低压水消防栓，出水压力达到 0.4～0.5MPa，灭火时最不利点消防栓的水压不低于 0.15MPa。

（4）水消防栓应沿道设置，且距离路面边不宜大于 5m，距离城市型道路路面边不得小于 0.5m，距离公路型双车道路肩边不得小于 0.5m，距离单车道中心线不得小于 3m，距离建筑物外墙不宜小于 5m。

（5）工艺装置区的水消防栓，应在工艺装置区四周设置，水消防栓的间距，不宜超过 60m；当在装置内设有消防通道时，也应在通道边设置消防栓。

（6）水消防栓的数量及位置，应按其保护半径以及被保护对象的消防用水量等经综合计算确定，但是水消防栓的保护半径不能超过 120m。

（7）工艺装置区、罐区的消防给水干管的管径，应经过计算确定，且不宜小于 200mm。

（8）独立的消防给水管道的流速，不宜大于 5m/s。

（9）地下独立的消防给水管道，应埋设在冰冻线以下，距离冰冻线不应小于15mm。

（10）低压消防给水系统不应与循环冷却水系统合并使用。

（11）消防栓大口径出水口，应面向道路。

（12）消防栓安装在可能受到车辆等机械伤害的位置时，要设置坚固的防护栏，保护消防栓。防护栏的高度和宽度，以用消防扳手开消防栓时，不影响扳手的转动为宜。

（13）在可燃液体罐区、液化烃罐区，距离罐壁15m以内的水消防栓，不应计算在该储罐可使用的数量之内。

4. 水消防栓的管理要求

如同消防竖管，水消防栓也主要是供专职消防队员使用的。其他要求如下。

（1）不能被障碍物阻挡、隔离水消防栓，防止紧急灭火时影响接水带取水使用。

（2）启闭杆要能够启闭灵活，要加黄油做防锈保护。

（3）三个出水口的扣盖齐全，密封胶垫完好不老化，快速接头的牙接完好。

（4）三个出水口的扣盖，用扳手定期试验启闭，要既能够灵活开启，又能够很好闭合。扣盖丝扣加黄油做防锈保护。

（5）不能有漏水现象。

（6）每次用完消防栓，要利用排水口，将其内部的消防水排尽，防止产生冰冻和腐蚀。

（7）应该逐个挂牌编号。

（8）建立责任人制度、定期检查和保养制度、维修和更换制度。

（四）消防水炮

消防水炮，如图7-13所示，既可以用于直接喷水灭火，又可以依靠形成水喷淋、水喷雾，用于水喷淋、水喷雾保护。它使用十分简便，不需要连接其他附件，在紧急情况下，只要扳动开关扳手，即可喷水。有的消防水炮，还可以实现远程控制。

1. 消防水炮的规格要求

（1）工作压力一般有1.0MPa、1.2MPa、1.4MPa、1.6MPa四种，通常选用工作压力1.4MPa、1.6MPa的消防水炮为好。

（2）公称口径一般为DN100mm。

（3）流量为可调节，一般有60L/s、70L/s、80L/s、100L/s；30L/s、40L/s、50L/s、60L/s；50L/s、40L/s、30L/s、20L/s几种。

（4）最大射程一般为70～80m。

2. 消防水炮的设置要求

（1）可燃气体、可燃液体量大的甲、乙类设备的高大框架和设备群，宜设置水炮保护。

图 7-13 消防水炮

（2）消防水炮的安装位置，与保护对象的距离，不宜小于 15m，以保证灭火状态下水炮操作人员的安全。在一般情况下，灭火人员应根据火情，对水炮不断作出操作调整。

（3）消防水炮与被保护对象之间，不能有遮挡物阻隔。消防水炮的安装点，要有足够的供人员操作的空间和供水炮转动的空间。

（4）消防水炮的喷嘴，应选用直流-喷雾型。

（5）消防水炮应接到稳高压消防水管线上，从稳高压消防水管线取得水源。

（6）在寒冷地区设置的消防水炮，应有防冻措施。

3. 消防水炮的管理要求

（1）在水炮的开关阀门处，必须配有开阀扳手。

（2）转动相应操作手轮，应能自如地实现水炮水平、上下转动，转动机构需加黄油做防锈保护。

（3）扳动开阀扳手，能实现阀门启闭灵活，阀门需加黄油做防锈保护。

（4）喷嘴的直流、喷雾切换装置，能够实现顺利切换。

（5）流量大小设定装置，要设定在较大值处，并能定位牢固。

（6）不能有漏水现象。

（7）应该逐个挂牌编号。

（8）水炮的转向、启闭、喷嘴切换要作定期试验操作。

（9）建立责任人制度、定期检查和保养制度、维修和更换制度。

（五）消防水泵接合器

消防车通过接合器的接口及相连管道，向建筑物的消防供水系统管道加压、送水，使高层建筑得到足够压力的消防水源。

使用厂内消防供水管网，向高层建筑供水，会显得压力不足。在这种情况下，应用消防车的压力泵，通过消防水泵接合器供水，如图 7-14 所示。

图 7-14　消防水泵接合器

消防水泵接合器及其相连的管道，与装置内消防竖管不同，消防水泵是从消防供水管网的消防栓接水，不是从消防车接水。

1. 设置要求

（1）应设置闸阀，闸阀要保持为常开阀，作为开关用途。

（2）应设置安全阀，防止消防给水管超压，给操作消防水枪人员造成危险，给消防水管、水带、设备造成破坏。

（3）应设置止回阀，防止停泵时消防水逆流。

（4）应设置排水阀，在使用完成消防水泵接合器后，要排尽积水，防止内部产生腐蚀、冰冻，位于止回阀的两侧，应分别设有排水阀，同时，排水阀的管段、进出口要在低点处，以保证能够排出消防水管低点积水。

2. 接口要求

在地面上安装的消防水泵接合器，其接口应安装在显眼、容易被人发现的位置。在接口周围，不能有影响使用和操作的障碍物。同时，通往接口的道路没有阻塞，能保证消防车顺利通行。

3. 安装要求

（1）在寒冷地区，消防水泵接合器应安装在地面冰冻线以下。

（2）与消防水泵接合器相连的消防水管，不能与建筑物内的生活水管，以及其他无关管线相接通，应专管专用。

（3）安装完成的消防水泵接合器及其系统管线，应进行水压试验。要由设计人员确定试验压力的取值和试验规范。

4. 操作要求

（1）在操作时，关闭排水阀，打开消防水泵接合器接口扣盖，接上消防车用水带，即可启动消防车水泵，由消防车供水。要注意，应使用消防车用水带，若用一般水带，在使用中容易出现因压力等级不足，而造成水带破裂的情况，也容易出现水带与水带接头连接处断开的问题，不仅影响消防供水，而且会给操作人员带来危险。

（2）使用完成消防水泵接合器后，要注意利用排水阀，排尽内部积水。

5. 管理维护要求

老化的密封件要及时更换；管道系统出现腐蚀，要防腐刷漆；消防水泵接合器的扣盖要齐全，能够正常开启，接口要完好，能够与消防车用水带实现快速连接。

二、泡沫喷淋系统

用喷头喷洒泡沫的固定式灭火系统称为泡沫喷淋系统，整个系统是由固定泡沫混合液泵（或水泵）、泡沫比例混合器、泡沫液储罐、单向阀、闸阀、过滤器、泡沫混合液管、喷头、水源、探测器等组成。

（一）喷头类型

1. 吸气型泡沫喷头

这种喷头上有吸气孔，在一定的压力驱动下，吸入空气进行机械搅拌，形成良好的泡沫液洒向保护对象。

吸气型喷头有顶喷式泡沫喷头、水平式泡沫喷头和弹射式泡沫喷头三种类型。顶喷式泡沫喷头安装在被保护物的上方，从上往下喷泡沫；水平式泡沫喷头安装在被保护物的侧面，从侧面水平喷射泡沫，弹射式泡沫喷头安装在被保护物的下方地面上，垂直和水平喷射泡沫。

2. 非吸气型泡沫喷头

这种喷头上没有吸气孔，与水雾喷头相同，喷出来的是雾状的混合液滴，不具有一定倍数的泡沫液。该种喷头只限用于水成膜泡沫液，而且可用现有的水雾喷头代替。

（二）技术特点

（1）泡沫喷淋灭火系统适用于甲、乙、丙类液体可能泄漏和消防设施不足的场所。泡沫喷淋系统除能起到灭火作用外，还能起到以下作用：

① 对保护物体有冷却作用；

② 对着火以外的其他设施有降低热辐射作用；

③ 对流散到地面的液体初期火灾起扑灭和控制作用。

泡沫喷淋灭火系统不适用于深度超过 25mm 的水溶性液体。

（2）当采用吸气型泡沫喷头时，应采用蛋白泡沫液（YE）、氟蛋白泡沫液（YEF）、水成膜泡沫液（YEQ）或氟蛋白抗溶性泡沫液（YEDF6）等，当采用非吸气型泡沫喷头时，必须采用水成膜泡沫液。

（3）当采用蛋白泡沫液或氟蛋白泡沫液保护非水溶性甲、乙、丙类液体时，其泡沫混合液供给强度不应小于 $6L/(min \cdot m^2)$，连续供给时间不应小于 10min。

（4）泡沫喷淋系统应设自动报警装置。该系统宜采用自动控制方式，但必须设有手动控制装置。设置泡沫喷淋系统是为了能及时、有效地扑救或控制初期火灾，避免火灾蔓延扩大，但是，自动控制并非完全随人们的意愿，也有失灵的时候，这就需要设有手动辅助控制装置。

现在已经有泡沫与水喷淋融合在一起的综合喷淋系统，如图7-15所示。

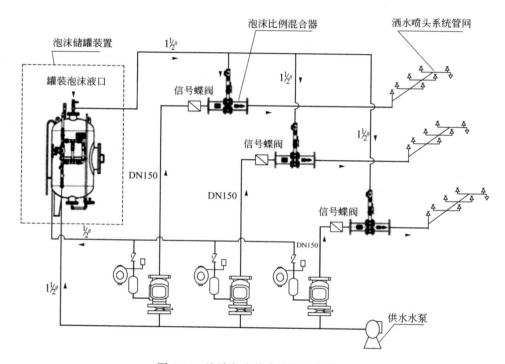

图 7-15　泡沫与水综合喷淋系统简图

三、水喷淋系统

水喷淋系统由高压消防水源、供水设备、管道、雨淋阀组、过滤器和喷头等组成，如图7-16、图7-17所示。它作为冷却水保护系统，喷射、喷淋水给设备提供冷却保护。

（一）水喷淋系统的适用范围

水喷淋系统，主要用于可燃气体，以及甲、乙、丙类液体的生产、储存装置或者装卸设施的防护冷却。水喷淋系统，不可用于扑救遇水能发生化学反应，出现燃烧、爆炸的物质的火灾；不可用于扑救喷淋水会对保护对象造成严重破坏的火灾。

（二）水喷淋系统的设置场所

在石油化工厂内，水喷淋系统作为固定冷却水系统，主要是用于对储罐的防护冷却。

图 7-16　立式储罐区水喷淋系统

图 7-17　球形储罐水喷淋系统

以下情况，应设置水喷淋保护系统。

（1）罐壁高于 17m 的可燃液体地上立式储罐，但是其中的润滑油罐可采用移动式冷却水系统。

（2）容量大于或等于10000m³的可燃液体地上立式储罐，但是其中的润滑油罐可采用移动式冷却水系统。

（3）在工艺装置内，用固定水炮不能有效保护的特殊危险设备及场所。

（4）容积大于100m³的液化烃储罐（也可用固定式水炮，加上移动式消防冷却供水系统代替）。

（5）特别地，全冷冻式液化烃储罐，罐顶冷却宜设置水喷淋保护系统，罐顶冷却宜设置固定水炮冷却。

（三）水喷淋系统冷却水供水强度及供水时间

（1）可燃液体地上立式固定顶罐，喷淋保护范围是罐壁表面，供水强度要求不小于$2.5L/(min \cdot m^2)$。

（2）可燃液体地上立式浮顶罐、内浮顶罐，喷淋保护范围是罐壁表面，供水强度要求不小于$2.0L/(min \cdot m^2)$。但是，其中的浮盖用易熔材料制作的内浮顶罐，以及浅盘式内浮顶罐，供水强度要求不小于$2.5L/(min \cdot m^2)$。

（3）被冷却保护可燃液体地上立式储罐的邻近储罐，喷淋保护范围根据具体情况确定，但是不得小于罐壁表面积的一半，供水强度要求不小于$2L/(min \cdot m^2)$。当着火罐为可燃液体地上立式储罐时，距离着火罐罐壁1.5倍着火罐直径范围内的相邻罐应进行冷却。

（4）液化烃储罐，着火罐的供水强度要求不小于$9L/(min \cdot m^2)$，距离着火罐罐壁1.5倍着火罐直径范围内的相邻罐，供水强度要求不小于$4.5L/(min \cdot m^2)$。喷淋保护范围，即着火罐、相邻罐的保护面积，都是按其表面积计算。

（5）特别地，全冷冻式液化烃储罐，着火罐、相邻罐罐顶的供水强度要求不小于$4L/(min \cdot m^2)$，冷却面积为罐顶全面积；着火罐、相邻罐罐壁的供水强度要求不小于$2L/(min \cdot m^2)$，着火罐冷却面积为罐全面积，相邻罐按半个罐面积计算。

（6）可燃液体地上立式储罐，消防冷却用水，要求能延续供水时间为：直径大于20m的固定顶罐，应为6h；浮盖用易熔材料制作的浮舱式内浮顶罐，应为6h；其他可为4h。

（7）液化烃储罐，消防冷却用水，要求能延续供水时间，应按火灾时储罐安全放空所需时间计算，当安全放空时间超过6h时，按6h计算。

（8）在工艺装置内，喷淋保护的供水强度、延续供水时间，应根据保护对象的性质等具体情况确定。

（四）水喷淋系统喷头的设置要求

（1）用于防护冷却的喷淋水喷头的工作压力，不应小于0.2MPa。

（2）用于液化气的生产、储存装置或装卸设施防护冷却的水喷雾系统的响应时间（响应时间是指从火灾自动报警系统发出火警信号算起，至系统中最不利点水雾喷头喷出水雾为止的一段时间），不应大于60s；用于其他设施防护冷却的水喷淋系统的响应时间，不应大于300s。

（3）喷头喷出的喷淋水，应能直接喷射到保护对象，并且能够均匀地覆盖住保护对象，否则应调整喷头的安装位置、缩短喷头至保护对象之间的距离，或者增加喷头的数量。

（4）喷头与保护对象之间的距离，不得大于喷头的有效射程（喷头的有效射程，是指喷头水平喷射时，喷淋水达到的最高点与喷射口之间的距离）。

（5）当保护对象为可燃气体或甲、乙、丙类液体储罐时，应符合下列要求：

① 喷头与储罐外壁之间的距离，不应大于 0.7m；

② 喷头喷出的防护冷却水，能够均匀地在储罐外壁表面流淌，储罐不存在没有流淌水防护冷却的外壁表面；

③ 喷头相互之间的距离，应保证其喷射水雾相交，以保证储罐外壁表面防护冷却水达到均匀，不留空隙；

④ 喷头应安装在储罐上部，安装高度，即喷头至立罐顶板的垂直距离，应保证其喷射的喷淋水不能到达罐顶表面（但又不能过低安装，要保证整个罐壁受到防护冷却水保护），避免水流受到罐顶板不规则物阻挡，改均匀流淌为集中流淌，导致储罐外壁表面防护冷却水不均匀。

（6）当保护对象为球罐时，应符合下列要求：

① 喷头的喷射口，应面向球心；

② 水雾沿纬线方向应相交，沿经线方向应相接；

③ 当球罐的容积等于或大于 1000m³ 时，水雾沿纬线方向应相交，沿经线方向宜相接，环管之间的距离，不应大于 3.6m；

④ 没有防护层的球罐钢支柱和罐体液位计、阀门等部位应设水雾喷头保护。

（五）水喷淋系统管道及其组件的设置要求

1. 管道设置要求

（1）在雨淋阀前的管道上，应设置带旁通的过滤器，滤网要采用耐腐蚀材料，滤网孔径应为 4.0～4.7 目/cm²。

（2）在过滤器后的管道，应采用双面镀锌钢管。

（3）在雨淋阀后的管道上，不应设置其他用水设施，不应接有做其他用途的管线。

（4）雨淋阀前、后都应安装有切断阀。

（5）在水平管道的低点，应安装有导淋阀；在沿罐壁设置竖直管道的下端，应设置可拆卸的盲头法兰，作为排渣口。导淋阀、排渣口作为清洗、排空管线用。

（6）液化烃储罐喷淋水的控制阀，应设置在防火堤处，且距离罐壁不宜小于15m，阀门控制可采用手动或遥控方式。

（7）喷淋水用的水源，应是从全厂稳高压消防水管线上接入的，管线为稳压状态时，水压应为 0.7～0.8MPa；管线为高压状态时，水压应为 1.2～1.3MPa。在灭火情况下，或者在试验启动全厂高压消防泵情况下，即为稳高压消防水管线高压状态。

（8）最少应有两个互相独立的水源接入喷淋水管道，其中任何一个水源都能满足喷淋用水要求，以保证在一个水源系统有故障，不能正常供水的情况下，仅有另一个水源供水，也可提供充足用水，使双水源构成了双保险。

（9）在寒冷地区，喷淋供水管道、组件、水源系统应采取防冻措施，用完后要排尽管内积水，防止冰冻。

（10）喷淋水管道，应全部涂刷为绿色，采用绿色标识。

2. 雨淋阀组设置要求

雨淋阀组是由雨淋阀、压力开关、电磁阀、水力警铃、压力表，以及配套的通用阀门组成的阀组。

（1）雨淋阀组应能顺利实现以下功能：接通、关断水喷淋系统的供水；接收电控信号可电动开启雨淋阀，接收传动管信号可液动、气动开启雨淋阀；手动应急操作；显示雨淋阀启、闭状态；驱动水力警铃；监测供水压力。

（2）雨淋阀组的工作状态，应能够在控制室火警控制盘上显示出来。

（3）雨淋阀组靠近被保护对象设置时，宜有防火设施保护。

（4）雨淋阀组应设置在环境温度不低于 4℃，且有排水设施的室内。

（5）雨淋阀的压力等级，应选用 1.6MPa。

（六）水喷淋系统的维护管理

（1）水喷淋系统应有专业队伍负责维护管理，定期做好检查维护工作。

（2）每季度一次，采用模拟信号，试验雨淋阀的自动开启功能。

（3）对储罐用的水喷淋系统，每月一次进行喷头喷水试验，检查系统功能，对发现有堵塞不能正常喷水的喷头，要进行清堵。

（4）至少每年一次拆开排渣口，检查、清理排渣口。

（5）根据水质状况，定期拆卸检查、清理过滤器。

（6）检查雨淋阀的前、后切断阀，确保其处于常开状态。

（7）检查雨淋阀、切断阀等阀门，如出现有内漏、外漏情况，要及时维修或更换。

（8）雨淋阀采用电动控制，要检查是否已接通电源。

（9）系统试验应由维护及消防专业人员进行，生产车间人员配合，同时要检验设置在控制室的火灾报警控制盘的显示、报警、控制功能。

第八章
安全生产事故防范

Chapter 08

第一节　安全事故发生的原因

一、安全事故发生的直接原因

机械制造企业的安全事故发生的原因可分为直接原因和间接原因。其中，直接原因是由于机械设备的状态不安全或操作不当造成的。

（一）机械设备的不安全状态

机械设备的不安全状态主要有以下几种。

（1）防护、保险、信号等装置缺乏或有缺陷

① 无防护。无防护罩、无安全保险装置、无报警装置、无安全标志、无护栏或护栏损坏、设备电气未接地、绝缘不良、噪声大、无限位装置等。

② 防护不当。防护罩没有安装在适当位置、防护装置调整不当、安全距离不够、电气装置带电部分裸露等。

（2）设备、设施、工具、附件有缺陷

① 设备在非正常状态下运行。设备带"病"运转、超负荷运转等。

② 维修、调整不良。设备失修、保养不当、设备失灵、未加润滑油等。

③ 强度不够。机械强度不够、绝缘强度不够，或者起吊重物的绳索不符合安全要求等。

④ 设计不当。结构不符合安全要求，制动装置有缺陷，安全间距不够，工件上有锋利毛刺、毛边，设备上有锋利倒棱等。

（3）安全防护用品问题。个人防护用品、用具、防护服、手套、护目镜及面罩、呼吸器官护具、安全带、安全帽、安全鞋等缺少或有缺陷。

① 所用防护用品、用具不符合安全要求。

② 无个人防护用品、用具。

（4）生产场地环境不良

① 通风不良。无通风，通风系统效率低等。

② 照明光线不良。包括照度不足，作业场所烟雾灰尘弥漫、视物不清，光线

过强，有眩光等。

③ 作业场地杂乱。工具、制品、材料堆放不安全。

④ 作业场所狭窄。

（5）操作工序设计或配置不安全，交叉作业过多。

（6）地面打滑。地面有油或其他液体，有冰雪，地面有易滑物，如圆柱形管子、料头、滚珠等。

（7）交通线路的配置不安全。

（8）储存方法不安全，堆放过高、不稳。

（二）操作者的不安全行为

操作者的不安全行为是由于操作者的无意或过失造成的，主要有以下几种。

（1）操作错误、忽视安全、忽视警告

① 未经许可开动、关停、移动机器；

② 开动、关停机器时未给信号；

③ 开关未锁紧，造成意外转动；

④ 忘记关闭设备；

⑤ 忽视警告标志、警告信号；

⑥ 操作错误，供料或送料速度过快；

⑦ 机械超速运转；

⑧ 冲压机作业时手伸进冲模；

⑨ 违章驾驶机动车；

⑩ 工件刀具紧固不牢；

⑪ 用压缩空气吹铁屑等。

（2）使用不安全设备。临时使用不牢固的设施，如工作梯，使用无安全装置的设备，拉临时线不符合安全要求等。

（3）机械运转时加油、修理、检查、调整焊接或清扫，造成安全装置失效。

（4）拆除了安全装置，安全装置失去作用，调整错误造成安全装置失效。

（5）用手代替工具操作。用手代替手动工具，用手清理切屑，不用夹具固定，用手拿工件进行机械加工等。

（6）攀、坐不安全位置（如平台护栏、吊车吊钩等）。

（7）物体存放不当。

（8）不按要求进行着装。如在有旋转零部件的设备旁作业时，穿着过于肥大、宽松的服装，操纵带有旋转零部件的设备时戴手套，穿高跟鞋、凉鞋或拖鞋进入车间等。

（9）在必须使用个人防护用品的作业场所中，没有使用个人防护用品或未按要求使用防护用品。

（10）无意或为排除故障而接近危险部位，如在无防护罩的两个相对运动零部件之间清理卡住物时，可能造成身体被挤伤、夹断、切断、压碎，或人的肢体被卷进而造成严重的伤害。

二、安全事故发生的间接原因

机械制造企业安全事故发生的间接原因是由于技术缺陷和管理不重视等原因造成的。

（一）机器设计上的缺陷

机器设计上的缺陷主要包括以下几方面。

1. 机器设计错误

设计错误包括强度计算不准、材料选用不当、设备外观不安全、结构设计不合理、操纵机构不当、未设计安全装置等。即使设计人员选用的操作器是正确的，如果在控制板上配置的位置不当，也可能使操作者混淆而发生操作错误，或不适当地增加了操作者的反应时间而忙中出错。设计人员还应注意作业环境设计，不适当的操作位置和劳动姿态都可能使操作者引起疲劳或思想紧张而容易出错。

预防事故应从设计开始，设计人员在设计时应尽量采取避免操作者出现不安全行为的技术措施和消除机械的不安全状态。

2. 制造错误

常见的制造错误有加工方法不当、加工精度不够、装配不当、装错或漏装了零件、零件未固定或固定不牢。另外，工件上的划痕、压痕、工具造成的伤痕，以及加工粗糙也可能造成设备在运行时出现故障。

如果设备的设计准确无误，但制造设备时发生错误，也能够成为事故隐患。在生产关键性部件和组装时，应特别注意防止发生制造错误。

3. 安装错误

机器安装时，旋转零件不同轴，轴与轴承、齿轮啮合调整不好，过紧或过松，设备不水平，地脚螺钉拧得过紧，设备内遗留工具、零件、棉纱而忘记取出等，都可能使设备发生故障。

4. 维修错误

（1）没有定时对运动部件加润滑油，在发现零部件出现恶化现象时，没有按维修要求更换零部件。

（2）设备大修重新组装时，发生组装错误。

（3）安全装置失效而没有及时修理，设备超负荷运行而未制止，设备带"病"运转。

（二）管理缺陷

管理缺陷包括以下内容：

（1）没有安全操作规程或安全规程不完善；

（2）规章制度执行不严，有章不循；

（3）对现场工作缺乏检查或指导错误；

（4）劳动制度不合理；

（5）缺乏安全监督。

（三）教育培训不充分

（1）对员工的安全教育培训不够；

（2）未经培训上岗；

（3）操作者业务素质低，缺乏安全知识和自我保护能力，不懂安全操作技术；

（4）操作技能不熟练；

（5）工作时注意力不集中，工作态度不负责；

（6）受外界影响而情绪波动；

（7）不遵守操作规程。

（四）领导不重视

（1）企业领导对安全工作不重视；

（2）安全检查组织机构不健全；

（3）没有建立或落实现代安全生产责任制；

（4）没有或不认真实施事故防范措施；

（5）对事故隐患调查整改不力。

第二节　做好安全防护

一、学会使用安全防护工具

（一）劳动防护用品的分类

防护用品主要有以下种类。

（1）防尘用具：防尘口罩、防尘面罩。

（2）防毒用具：防毒口罩、过滤式防毒面具、氧气呼吸器、长管面具。

（3）防噪声用具：硅橡胶耳塞、防噪声耳塞、防噪声耳罩、防噪声面罩。

（4）防电击用具：绝缘手套、绝缘胶靴、绝缘棒、绝缘垫、绝缘台。

（5）防坠落用具：安全带、安全网。

（6）头部保护用具：安全帽、头盔。

（7）面部保护用具：电焊用面罩。

（8）眼部保护用具：防酸碱用面罩、眼镜。

（9）其他专用防护用具：特种手套、橡胶工作服、潜水衣、帽、靴。

（10）防护用具：工作服、工作帽、工作鞋，雨衣、雨鞋、防寒衣、防寒帽、手套、口罩等。

（二）劳动防护用品的发放

1. 发放管理

（1）安全部门负责

① 向使用部门提供防护用品、用具的使用标准；

② 监督检查防护用品、用具使用标准的执行情况；

③ 监督防护用品、用具的质量、使用和保管情况；

④ 对防护用具（如氧气呼吸器、过滤式防毒面具等）的使用人员组织培训与考试。

（2）采购部门负责

① 对已发布国家标准的用品、用具，按国家标准采购、验收、发放、保管；

② 对无国家标准的防护用品、用具，应根据适用的原则进行采购、验收、发放、保管。

（3）使用部门负责

① 对已发布国家标准的防护用品、用具，按国家标准领取、组织使用与保管；

② 对无国家标准的防护用品、用具，按说明书组织使用与保管；

③ 对专用防护用品、用具的使用人员组织考试，不合格者应反复训练，直到合格为止。

2. 发放原则

（1）按岗位劳动条件的不同，发给员工相应的防护用品或备用防护用品、用具。

（2）对从事多种工种作业的员工、按其基本工种发给防护用品，如果作业时确实需要另供防护用品用具时，可按需要提供。

（3）对易燃易爆岗位不得发给化纤工作服。

（4）员工遗失个人防护用品、用具，原则上予补发，但费用由员工支付；因工失去或损坏的防护用品、用具，由本人申请、单位核实、经安全部门批准，给予补发处理。

（5）企业应有公用的安全帽、工作服等供外来参观、检查工作人员临时用；公用防护用品、用具要专人保管，保持清洁。

3. 发放标准的制定与执行

（1）按国家有关规定，结合企业实际情况，制定防护用品的发放标准。

（2）因生产需要或劳动条件改变需要修订护品的发放标准时，由使用单位提出申请，报安全部门审批后执行。

（3）对过滤式防毒面具不规定使用时间，失效、用坏或不能用时，以旧领新。

（4）新项目、新装置试车前3个月，由使用单位提出申请报安全部门，安全部门制定防护用品、用具暂行发放标准，由总经理审批后执行。项目投产6个月后，由使用单位提出使用报告意见，报安全部门修订标准。

（5）其他防护用品、用具，由安全部门提出发放标准，总经理审批后执行。

（三）安全防护工具使用方法

（1）各单位根据岗位作业性质、条件、劳动强度和防护器材性能与使用范围，正确选用防护用具种类、型号，经安全部门同意后执行。

（2）严禁超出防护用品、用具的防护范围代替使用。

① 凡空气中氧含量低于 18％（体积），有害气体含量高于 2％的作业场所，严禁使用过滤式面具，应使用氧气呼吸器或长管式面具；

② 严禁使用防尘口罩代替过滤式防毒面具；

③ 严禁使用失效或损坏的防护用品用具。

1. 氧气呼吸器

（1）使用范围

① 使用前气瓶压力不得小于 70kgf/cm²（6.86MPa）。

② 戴好面具，先呼出气体，再深呼吸几次，检查内部部件是否灵敏好用，胶管、面罩是否漏气；按手动补给排除气管原有气体，发现有问题时，不得使用。

③ 确认各部件正常后，方可佩戴进入毒区。

④ 当气瓶压力降到 36kgf/cm² 以下时，应退出毒区，如需继续工作，应更换新瓶。

⑤ 清净罐累计使用时间不得超过 2 小时。清净罐重量变化超过规定时，应及时更换吸收剂。

⑥ 使用完毕后，立即检查清洗、更换吸收剂，打好铅封后，放入专用事故柜内。

⑦ 瓶内气体不准用尽，要留有 0.5kgf/cm² 的余压。

⑧ 严禁气瓶接触油脂或接近火源和高温取暖设备。

⑨ 火灾现场不准使用氧气呼吸器。

（2）保管方法

① 应放在取用方便的事故柜内。平时铅封，柜子要避免阳光曝晒，距离生产设备和火源不小于 10m，温度 5～30℃，相对湿度 40％～80％，周围空气中应不含有腐蚀性介质；

② 非因工作或检查时，任何人不得动用；

③ 氧气瓶定期进行水压试验；

④ 企业氧气呼吸器的检查维修工作，由安全部门防护站负责；

⑤ 氧气瓶应定期进行水压试验。

2. 长管面具

（1）长管面具用于有毒区检修作业；

（2）应将长管呼吸口置于空气新鲜的地方，有专人监护；

（3）长管长度不得超过 20m，否则应强制通风；

（4）安全部门应定期进行气密性检查；

（5）长管面具应放在专用柜内保管。

3. 过滤式防毒面具

（1）生产操作时备用的防护用具；

（2）严禁使用失效的滤毒罐；

（3）防护站负责滤毒罐的称重检查、再生。

4. 安全带、安全网

（1）由车间保管；

（2）使用前要仔细检查，发现有异常现象，应停止使用；

（3）每年由安全部门统一组织一次强度试验。

5. 防电击用具

（1）在使用和保管过程中要保证绝缘良好；

（2）严禁使用绝缘不合格的防电击用具作业；

（3）对防电击用具进行耐压试验。

二、如何进行个人安全防护

防护用品，是指保护劳动者在生产过程中的人身安全与健康所必备的一种防御性装备，对于减少职业危害起着相当重要的作用。使用者要合理使用防护用品，并加强防护用品的管理和维护保养。

（一）加强防护用品的管理和维护保养

（1）工作服要定期清洗。

（2）专用防酸、防碱工作服及长管面具、橡胶手套等使用后，若有污染，一定要及时清洗，并要放在专柜妥善保管。

（3）氧气呼吸器要定期检查钢瓶气压，压力不足要及时换瓶或充氧。

（4）防毒面具用后，滤毒罐要用胶塞塞紧，牢记用前要先打开胶塞。

（5）滤毒罐要经常进行称重或其他检查，发现失效要立即更换。

（二）合理使用个体防护用品

（1）个体防护用品有防护口罩、防毒面具、耳塞、耳罩、防护眼镜、手套、围裙、防护鞋等。

（2）合理、正确地使用防护用品非常重要，特别是在抢修设备等操作时，更要注意防护。

（3）在接触容易被皮肤吸收的毒物或酸、碱等化学物品的场所，要注意皮肤的防护，如穿防酸、防碱工作服，戴橡胶手套等。

（4）在噪声工作区作业时，从隔声间出来到现场巡回检查时，应及时佩戴耳塞或耳罩。

（5）在有毒有害的作业场所作业时，上班时应按规定穿工作服，在有特别要求的岗位上，应随身携带防毒面具，以防发生意外泄漏毒物事故时，可立即佩戴防毒面具。

三、如何进行个人卫生保健

（一）做好个人卫生和自我保健

做好个人卫生保健应做到：

（1）班后洗澡、更衣；

（2）饭前先洗手；

（3）不在作业场所饮食；

（4）改变不卫生的习惯和行为，如戒烟；

（5）平时注意劳逸结合，营养合理；

（6）加强锻炼，增强体质，提高抵抗力。

（二）尘毒监测注意事项

对尘毒进行监测时，应注意以下事项。

（1）对生产劳动环境中的粉尘、毒物等有害因素，应根据国家的规定设定监测点，定期进行测定。

（2）当测试人员现场测定时，其他人员应很好配合，使测定结果能客观地反映作业场所的实际情况，避免出现误差或假象。

（3）应把尘毒和有害因素的测定结果，定期在岗位上挂牌公布。当测定结果超过国家卫生标准时，就应及时查找原因，采取相应措施，及时处理。

（三）定期进行健康检查

新员工刚入厂时，要进行预防性体检。这种体检一方面可以及早发现是否有职业禁忌症，例如患有哮喘的病人，不适宜从事接触刺激性气体的作业；另一方面，这是一种基础健康资料，便于今后对比观察，做好保健工作。

老员工应根据具体情况，定期进行体格检查。间隔时间为一年或两年，最长不超过四年检查一次，以便及时发现病情，进行救治。

第三节　作业安全预防

一、怎样进行作业危害分析

作业危害分析又称作业安全分析、作业危害分解，是一种定性风险分析方法。作业危害分析将对作业活动的每一步骤进行分析，从而辨识潜在的危害并制定安全措施。实施作业危害分析，能够识别作业中潜在的危害，确定相应的工程措施，提供适当的个体防护装置，以防止事故发生，使人员免受伤害。此方法适用于涉及手工操作的各种作业。

开展作业危害分析能够辨识原来未知的危害，增加职业安全健康方面的知识，促进操作人员与管理者之间的信息交流，有助于员工得到更为合理的安全操作规程。作为操作人员的培训资料，并为不经常进行该项作业的人员提供指导。作业危害分析的结果可以作为职业安全健康检查的标准，并协助进行事故调查。

作业危害分析的步骤如下。

1. 选择作业项目

在理想情况下，所有的作业都要进行作业危害分析，但首先要确保对关键性的作业实施分析。确定分析作业时，优先考虑以下作业活动：

（1）事故频率高或不经常发生，但可能导致灾难性后果的作业；

（2）事故后果严重、作业条件危险或经常暴露在有害物质中的作业；

（3）新增加的作业，由于经验缺乏，明显存在危害或危害难以预料；

（4）变更的作业，可能会由于作业程序的变化而带来新的危险；

（5）不经常进行的作业，由于从事不熟悉的作业而可能有较高的风险。

2. 将作业划分为若干步骤

选择作业活动之后，将其划分为若干步骤。每一个步骤都应是作业活动的一部分。

划分的步骤不能太笼统，否则会遗漏一些步骤，以及与之相关的危害。另外，步骤划分也不宜太详细，以致出现许多的步骤。根据经验，一项作业活动的步骤一般不超过 10 项。如果作业活动划分的步骤太多，可先将该作业活动分为两个部分，分别进行危害分析。重要的是要保持各个步骤正确的顺序，顺序改变后的步骤在危害分析时，有些潜在的危害可能不会被发现，也可能增加一些实际并不存在的危害。

在分析表中按照顺序记录每一步骤，说明它是什么而不是怎样做。划分作业步骤之前，仔细观察操作人员的操作过程。观察人通常是操作人员的直接管理者，关键是他们要熟悉这种方法，被观察的操作人员应该有工作经验并熟悉整个作业工艺。观察应当在正常的时间和工作状态下进行，如一项作业活动是夜间进行的，那么就应在夜间进行观察。

3. 辨识危害

根据对作业活动的观察、掌握的事故（伤害）资料以及经验，依照危害辨识清单依次对每一步骤进行危害的辨识，并将辨识的危害列入分析表中。

为了辨识危害，需要对作业活动作进一步的观察和分析。辨识危害应该思考的问题如下：

① 可能发生的故障或错误是什么？其后果如何？

② 事故是怎样发生的？

③ 其他的影响因素有哪些？

④ 发生的可能性？

以下是危害辨识清单的部分内容：

（1）是否穿着个体防护服或佩戴个体防护器具？

（2）操作环境、设备、地槽、坑及危险的操作是否有有效的防护？

（3）维修设备时，是否对相互连通的设备采取了隔离？

（4）是否有可能引起伤害的固定物体，如锋利的设备边缘？

（5）操作者是否可能触及机器部件或在机器部件之间操作？

（6）操作者是否可能受到运动的机器部件或移动物料的伤害？

（7）操作者是否会处于失去平衡的状态？

（8）操作装置是否带有潜在的危险？

（9）操作者是否需要从事可能使头、脚受伤或被扭伤的活动（往复运动的危害）？

（10）操作者是否会被物体冲撞（或撞击）到机器或物体？

（11）操作者是否会跌倒？

（12）操作者是否会由于提升、拖拉物体或运送笨重物品而受到伤害？

（13）作业时是否有环境因素的危害——粉尘、化学物质、放射线、电焊弧光、热、高噪音？

4. 确定相应的对策

危害辨识以后，需要制定消除或控制危害的对策。确定对策时，从工程控制、管理措施和个体防护三个方面加以考虑，具体对策如下。

（1）消除危害。消除危害是最有效的措施，有关这方面的技术包括：

① 改变工艺路线；

② 修改现行工艺；

③ 以危害较小的物质替代；

④ 改善环境（如通风）；

⑤ 完善或改换设备及工具，如由原来的人工搬运改为自动化的机械替代。

（2）控制危害。当危害不能消除时，采取隔离、机器防护、穿着工作鞋等措施控制危害，如改善局部通风的状况，以消除污染物进入作业区域；又如在机械设备上加装安全栅栏，以防止人员被夹伤。

（3）修改作业程序。不安全的作业程序容易造成意外事故，设法改变作业程序，使潜在的可能危害因素减至最少。如欲检查自动剪裁机的异常时，应关闭剪裁机的电源开关，不应仅关闭隔纸输送机的开关，以免造成人员被机器夹伤。

（4）减少暴露。减少暴露是没有其他解决办法时的一种选择。减少暴露的一种办法是减少在危害环境中暴露的时间；如完善设备以减少维修时间，佩戴合适的个体防护器材等。为了减轻事故的后果，设置一些应急设备如洗眼器等。

确定的对策要填入分析表中。对策的描述应具体，说明应采取何种做法以及怎样做，避免过于原则的描述，如"小心"、"仔细操作"等。

以下就一项作业活动"从顶部入孔进入，清理化学物质储罐的内表面"，进行危害分析，运用作业危害分析方法，将该作业活动划分为9个步骤，并逐一进行分析，分析结果列于表8-1。

表 8-1　作业危害分析表

步骤	危害辨识	对策
1. 确定罐内的物质种类,确定在罐内的作业及存在的危险	(1)爆炸性气体 (2)氧含量不足 (3)化学物质暴露-气体、粉尘、蒸汽(刺激性、毒性)液体(刺激性、毒性、腐蚀、过热) (4)运动的部件、设备	(1)根据标准制定有限空间进入规程 (2)取得有安全、维修和监护人员签字的作业许可证 (3)具备资格的人员对气体检测 (4)通风至氧含量为 19.5%～23.5%,并且任一可燃气体的浓度均低于其爆炸下限的 10%。可采用蒸汽熏蒸、水洗排水,然后通风的方法 (5)提供合适的呼吸器材 (6)提供保护头、眼、身体和脚的防护服 (7)参照有关规范提供安全带和救生索 (8)如果有可能,清理罐体外部
2. 选择和培训操作者	(1)操作人员呼吸系统或心脏有疾病,或有其他身体缺陷 (2)没有培训操作人员——操作失误	(1)工业卫生医师或安全员检查,能适应于该项工作 (2)培训操作人员 (3)按照有关规范,对作业进行预演
3. 设置检修用设备	(1)软管、绳索、器具脱落的危险 (2)电气设施——电压过高,导线裸露 (3)电机未锁定并且未作出标记	(1)按照位置,顺序地设置软管、绳索、管线及器材,以确保安全 (2)设置接地故障断路器 (3)如果有搅拌电机,则应加以锁定并作出标记
4. 在罐内安放梯子	梯子滑倒	将梯子牢固地固定在顶部或其他固定部件上
5. 准备入罐	罐内有气体或液体	通过现有的管道清空储罐,步骤如下: (1)审查应急预案 (2)打开罐 (3)工业卫生专家或安全专家检查现场 (4)罐体接管法兰处设置盲板(隔离) (5)具备资格的人员检测罐内气体(经常检测)
6. 罐入口处安放设备	脱落或倒下	(1)使用机械操作设备 (2)罐顶作业处设置防护护栏
7. 入罐	(1)从梯子上滑脱 (2)暴露于危险的作业环境中	(1)按有关标准,配备个体防护器具 (2)外部监护人员观察、指导入罐作业人员,在紧急情况下能将操作人员自罐内营救出来
8. 清洗储罐	发生化学反应,生成烟雾或散发空气污染物	(1)为所有操作人员和监护人员提供防护服及器具 (2)提供罐内照明 (3)提供排气设备 (4)向罐内补充空气 (5)随时检测罐内空气 (6)轮换操作人员或保证一定时间的休息 (7)如果需要,提供通信工具以便于得到帮助 (8)提供 2 人作为后备救援,以应付紧急情况
9. 清理	使用工(器)具而引起伤害	(1)预先演习 (2)使用运料设备

5. 信息传递

作业危害分析是消除和控制危害的一种行之有效的方法，因此，应当将作业危害分析的结果传递到所有从事该作业的人员。

二、如何开展危险预知训练

危险预知训练活动（Kiken Yochi Trainning），简称 KYT，是针对生产的特点和作业工艺的全过程，以其危险性为对象，以作业班组为基本组织形式而开展的一项安全教育和训练活动，它是一种源于日本的群众性"自我管理"活动，目的是控制作业过程中的危险，预测和预防可能发生的事故。

1. KYT 的适用范围

（1）通用的作业类型和岗位相对固定的生产岗位作业；

（2）正常的维护检修作业；

（3）班组间的组合（交叉）作业；

（4）抢修抢险作业。

2. 班组危险预知活动的目的

（1）描写作业情况；

（2）找出班组作业现场隐藏的危险因素和有可能引起危险的现象；

（3）组织一起讨论、协商，指点确认危险点或重点实施事项；

（4）找出危险点控制的措施，并予以训练，使其标准化。

3. 危险预知活动步骤

危险预知活动分危险预知训练和工前 5 分钟活动两个步骤进行。前一阶段主要是发掘危险因素，制定预防措施，后一阶段重点落实预防措施。

（1）危险预知活动注意事项。在组织班组危险预知训练必须注意以下问题。

① 加强领导。要求根据危险源辨识的结果，按 PDCA 循环模式拟定预知训练课题计划，分批分期下达到班组开展活动，并将实施结果纳入考评内容。

② 班组长准备。活动前要求班组长对所进行课题的主要内容进行初步准备，以便活动时心中有数，进行引导性发言，节约活动时间，提高活动质量。

③ 全员参加。充分发挥集体智慧，调动群众积极性，使大家在活动中受到教育。不能一言堂，应让所有组员有充分发表意见的机会。

④ 训练形式直观、多样化。班组长可结合岗位作业状况，画一些作业示意图，便于大家分析讨论。

⑤ 抓好危险预知训练记录表的审查和整理。预知训练进行到一定阶段，车间应组织有关人员参加座谈会，对已完成题目进行系统审查、修改和完善，归纳形成标准化的教材，作为工前五分钟活动的依据。

（2）工前 5 分钟活动。工前五分钟活动是预知训练结果在实际工作的应用，由作业负责人组织从事该项作业的人员，在作业现场利用较短时间进行，要求根据危险预知训练提出的内容，对"人员、工具、环境、对象"进行四确认，并将控制措施逐项落实到人。重大危险作业应分为作业安全和工序安全两个阶段开展工前5分钟活动。

4. 班组作业 KYT 具体活动的步骤

经过长期实践，结合班组作业特点，作业过程中开展 KYT 活动应遵循以下 9 个步骤。

（1）由班组长针对当班生产任务划分作业小组，指派工作能力强的人担任作业小组长。

（2）作业小组长组织作业人员，持 KYT 卡片到作业现场开展 KYT 活动。

（3）作业小组长向作业人员介绍工作任务及程序，采用有效的方法调动作业小组参与人员针对工作内容及程序，查找或预测可能存在的危险因素。

（4）作业小组参与人员应结合各自工作内容，有针对性地挖掘危险因素，并提出相应的防范措施。

（5）作业小组负责人（小组长）将收集到的危险因素及其对应措施的信息，整理记录在 KYT 活动卡片上，再次对所有作业小组参与人员进行一次复述，待所有人员认同后，进行签字确认。

（6）最后，作业小组负责人确认后开始作业。作业完毕后，应在当天将卡片交班组长检查认可，班组长最好能到现场进行检查验收。

（7）作业参与人员在指出危险因素时，要充分利用肢体语言对危险因素加以描述，以强化对危险形态的直观认识。

（8）作业过程中要持续运用"手指触动提示"和"触动报警"，保持现场作业人员对危险的警觉。

（9）对小组参与人员针对危险因素提出的相关防范措施，现场能立即整改的应在整改完毕后开始作业。

5. KYT 活动卡片的填写与管理

（1）卡片的内容及填写。KYT 活动卡片（表8-2）的内容，应针对现场实际情况认真填写记录，且必须是在现场和作业开始前完成，签字一栏必须是作业人员本人签字。

对卡片中危险因素的查找及描述，应针对各个作业环节可能产生的危险因素、人的不安全行为和可能导致的后果，前后要有因果关系的表述；对发现的重要危险因素要采取相应的防范措施。

（2）卡片的管理。KYT 卡片的收集整理要有专人负责，并编制成册加以保存。卡片的保存时间一般为班组半年和车间一年，保存期间的卡片要作为班组员工开展安全教育的材料，供开展 KYT 训练活动使用。

表 8-2　KYT 活动卡片

作业任务		作业编号	
作业时间		作业地点	
作业小组名称		作业负责人（小组长）	
小组成员			
作业现场潜在的危险因素、重要危险因素	确认人：		
作业小组应采取的安全防范措施、重要防范措施	确认人：		
检查评语	班组长：	签字：	
	车间领导：	签字：	
	厂级领导：	签字：	

三、建立安全生产确认制度

安全生产确认制是指用反复核实、复诵、监护、设标志提醒，以及操作票等方法，在作业之前和作业过程中，针对本岗位的安全要点和易发生伤害事故的因素，必须做到确实认定、确实可靠、确实准确地去执行，以避免由于想当然、猜测、遗忘、误会、疲劳、走神、情感异常等因素引起的失误，并形成制度。安全生产确认制包括以下几部分内容。

（一）操作确认制

（1）作业前，班组长要召集全体成员开好班前会。全班组成员通过互致问候，并互相审视精神及身体状况，确认身体适合作业要求，确认作业环境适合本作业，确认防护用品是否穿戴齐全，对设备及安全装置进行点检确认，对所从事作业的安全可靠性及潜在的危险，通过确认告诫自己注意安全。

（2）作业中，集中精力，不断确认自己是否按本工种安全技术操作规程进行作业。确认自己的行为不伤害自己、不伤害他人、不被他人伤害，确认所作业对象的安全性，并注意防范措施。危险作业要确认安全措施，确认监护人。

（3）作业结束后，确认所操作设备按规定停机，所有操作按钮都处于停止状态，整理好作业场地，确认无事故隐患后，方能离开作业现场。班组长要总结安全情况并确认所有成员一切情况良好。

（二）联系呼应确认制

在长线作业时，应由一人指挥。指挥者发出的指令一定要简明扼要，在被指挥者重复无误后，才能进行作业，并做好记录。

（1）指挥者确认其指令与执行者的安全要求，与生产系统中的安全要求，与作业区域或者作业空间的安全要求不矛盾、不冲突。

（2）指挥者要明确确认其指令是令行，还是禁止。执行者必须按指令做到"令则行"、"禁则止"。

（3）对于禁止令的执行，指挥者要确认下一级的执行情况并负有监督检查职责。执行者要确认禁止令是在延续，还是已解除。

（三）行走确认制

在生产现场行走时，确定安全通道无危险时方可行进，即严格执行"查看、判断、通过"的程序，对现场是否具备安全通行条件予以确认。

1. 查看

行走前要仔细查看所要通过的路段是否畅通，是否有警示标志，以确认是否具备安全通行的条件（车间厂房内、施工现场等均必须设置必要的安全通道，并有明显标志）。

2. 判断

在行进过程当中判断上下左右是否遇有有碍安全通行的因素；以确认是否继续通行。

3. 通过

经对通道查看，判断安全无误后方可通行。

在没有设置吊运通道的车间内进行天车作业时，吊具的承载量必须是被起吊物的两倍以上，吊钩必须安装防脱钩装置，并设专人跟踪指挥。

（四）开停车确认制

在设备的检修作业前后开车、停车时，指挥者、操作者对设备安全状况应进行确认。

（1）检修或者施工完毕的设备开车

① 确认开车总指挥者和安全总负责人（应是同一人）；确认下一级的开车指挥者和安全责任人（也是同一人），并且实行直线联系负责制。

② 确认谁有权送电，谁有权开车。

③ 开车指令下达前，必须确认工作票制度已正确执行完毕。

（2）备用设备开车

① 确认工作票制度已正确执行完毕。

② 确认上一级指挥者谁同意送电。

③ 确认上一级指挥者谁同意开车。

④ 确认所开车设备安全保护装置符合安全条件要求。

⑤ 确认开车程序正确。

（3）设备停车

① 确认停车的目的。

② 确认停车的安全规程已执行完毕。

③ 停车检修的设备，必须在工作票上确认断电、断料、断汽（气）、断水、挂警示牌、监护人等。

四、进行危险信息的有效沟通

1. 危险信息与事故的发生

当危险信息未能及时让当事人捕捉到时，很容易发生事故。一般来说，主要有以下几种情况。

（1）危险信息存在，但由于当事人本身的限制及外界因素的干扰，当事人未能及时发现，并且未采取有效的处理措施，很容易发生事故。

（2）危险信息存在，但是没有进行适当的沟通或设置危险标记，而当事人凭自身条件又不能发现其危险性时，极易发生事故。

（3）危险是存在的，但并没有以一种信息的形式，如指示灯、手势等表现出来。相反，却是以一种正常的信息出现在当事人面前，这也极易导致事故的发生。

（4）危险并不存在，但由于外界的干扰，如仪表的错误显示、人员的骚扰等，极有可能给当事人危险的感觉。此时，如果当事人采取回避措施，极易发生事故。

（5）危险不存在，同时给当事人一种无危险的信息显示时，也有可能因为当事人的麻痹大意而发生事故。

为了预防各种事故的发生，作业人员做好危险信息沟通是十分必要的。但是，在有良好的危险信息沟通的前提下，作为当事人，在生产过程中还应谨防侥幸心理，只有增强自我保护意识和能力，才能有效地防止事故的发生。

2. 信息沟通的障碍与解决

（1）文化方面的障碍及其解决方法。文化方面的障碍，指的是来自文化经验等方面的诸因素所造成的沟通障碍。文化方面的障碍主要有表达不清、错误的解释、缺乏注意、同化、教育程度差异、对发现者的不信任、无沟通现象等。

① 表达不清。在发送信息时，信息含糊不清是十分常见的现象。如：错误地选择词语、空话连篇、无意疏漏、观念混乱、缺乏连贯性、句子结构错误、难懂的术语等，都有可能造成信息表达不清的现象。因此，要想把信息表达清楚、明确，首先要加强文化素质方面的修养，加强言语训练；其次要限定内容，要言简意赅地表达信息中的要点。

② 缺乏注意。作业人员平时对一些信息缺乏注意，不注意阅读布告、通知、报告、会议记录等情况也经常出现。为解决员工缺乏注意这一问题，除了提高管理者的劝说水平之外，更重要的是加强沟通的责任感，使企业的每一名员工都认识到

信息沟通的重要性。

③ 教育程度差异。一个企业内员工受教育程度若有很大差异，会造成沟通的障碍。如果员工教育程度较低，则管理者难以与其沟通信息，步调难以保持一致，很可能会影响企业组织的工作效率。因此，在选拔员工时，对其受教育程度应该有一定的要求，或对在职员工进行多种形式的教育，鼓励他们自学文化知识来提高自身素质。

④ 错误的解释。在传达具体作业要求时，只进行简单的说明是不够的。应该考虑信息接受者的个人情况及其所工作的环境，有时必须伴随必要的解释，使对方充分理解信息，才有助于沟通。

⑤ 同化作用。把传递来的信息按照接收者的习惯、兴趣和爱好，使之适合于自己，这一过程称为"同化"。例如，对信息省略细节，使其简单化，使内容成为自己熟悉的内容；加上自己的看法、观念，把信息合理化，成为自己满意的处理方式等。为解决这类障碍，要求接收者按信息的客观情况行事。

⑥ 无沟通现象。无沟通是指管理者没有传递必需的信息。其原因有多种：因为工作忙而延误了沟通；以为每个人都清楚了信息的内容，不愿再进行沟通；因为懒惰而没有沟通等。无沟通现象也属于沟通障碍的一种。解决这方面的障碍，关键是解决管理者对信息沟通意义的认识问题。

⑦ 对管理人员的不信任。无论从什么角度讲，对管理人员的不信任必然会降低信息沟通的效率。

（2）组织结构方面的障碍

① 地位障碍

> 地位障碍来源于组织的角色、职务、年龄、待遇、资历等因素。

由于企业是一个多层次的结构，因此，作业人员经常与班组长、同事或者车间主任进行沟通，但不一定经常与厂长、经理进行沟通。这是属于因地位原因而不能经常接触所造成的沟通障碍。为了减少由地位引起的沟通障碍，企业高层领导和管理者应经常到生产一线去了解情况，与员工促膝谈心或到现场去办公等，这些都是有效的措施。

② 物理距离的障碍。在企业的生产工作中，管理者与操作人员之间、操作者与操作者之间存在着空间距离的远近，造成了物理距离对信息沟通的妨碍，使得他们接触和交往的机会减少，即使有机会接触和交往，时间也十分短暂，不足以进行有效的沟通。为了解决由物理距离较远而产生的沟通障碍问题，管理者应鼓励非正式群体的产生和发展，诸如成立各种俱乐部、兴趣小组、各种形式的协会，通过非正式群体的有益活动，缩短成员之间的物理距离，增加面对面接触和交往的机会，

促进成员之间的信息沟通。

③ 个性方面的障碍。员工的个性因素也能成为信息沟通的障碍。由于人与人之间的性格差异较大，每个人都有自己的个性特征，这些个性特征的差异会造成人际沟通的障碍。例如，以自我为中心、自尊心很强的人，往往不会主动与他人进行沟通。有这种个性特征的管理者在听取下级人员的报告时，常常感到不耐烦。由于人们学习能力、认识能力的不同，即使对同一种信息，各人的理解也不一样。因此，管理者在进行信息沟通时要因人而异，先认清员工的能力、需要、动机、习惯等，使信息与接收者的个性特点相匹配，做到有针对性地工作，才会使对方最大限度地接受信息。

第四节　习惯性违章的防范

一、习惯性违章的特点

习惯性违章，就是指那些违反安全操作规程或有章不循，坚持、固守不良作业方式和工作习惯的行为。它具有以下特点。

1. 麻痹性

在日常的安全生产中，习惯性违章的危害与"温水煮青蛙"有异曲同工之处，违章的人一时没有发生事故的，就如同温水中青蛙没有被立即煮死一样，"水温"还没有升到使"青蛙"死亡的"沸点"。如果每次习惯性违章都必然导致自我伤害或使他人受到伤害，也许就不会有人故意违章了。

2. 潜在性

一些习惯性违章行为往往不是行为者有意所为，而是习惯成自然的结果，例如对工作现场围栏上的"禁止攀登"、"禁止在此作业"等标志视而不见，不以为然，长期违章作业，一旦出了事故才追悔莫及。

3. 顽固性

习惯性违章是由一定的心理定势支配的，并且是一种习惯性的动作方式，因而它具有顽固性、多发性的特点，往往不容易纠正。只要支配习惯性违章行为的心理定势不改变，习惯性动作方式不纠正，习惯性违章行为就会反复发生，直到行为人受到事故的惩罚。

4. 传承性

传承性是指有些员工的习惯性违章行为并不是自己发明的，而是从一些老师傅身上"学"到的、"传"下来的。当他们看到一些老师傅违章作业既省力，又没出事故，也就盲目效仿。这样，老师傅就把不良的违章作业习惯传给了下一代，从而导致某些违章作业的不良习惯代代相传。

5. 排他性

有习惯性违章的员工固守不良的传统做法，总认为自己的习惯性工作方式"管用"、"省力"，而不愿意接受新的工艺和操作方式，即使是被动地参加过培训，但还是"旧习不改"。

二、习惯性违章行为

（一）习惯性违章行为的分类

习惯性违章行为可以分为以下三类，即无意违章、有意违章和性格型违章（表8-3）。

表8-3 习惯性违章行为的分类

类型	含义	类别	行为
无意违章	因人的认识、理解、判断失误，或疏忽、遗忘，或知识、经验不足而造成的违章	（1）认知型无意违章	操作者对规程或系统、设备、系统运行情况的理解、判断错误而导致违章行为或违章操作，或是由于缺乏某些相关专业知识或缺乏经验而导致的违章行为或违章操作
		（2）过失型无意违章	操作者由于疏忽、遗忘导致了违反规章或操作规程。如忘记某个操作步骤，记错操作方向，忘记系安全带，维修工作结束后忘记拆除临时装置等
有意违章	行为人明知法规或操作规程规定，有意不按规章行事，不按规程操作。但并不希望自己的行为导致危害性后果	（1）一般有意违章	大多数有意违章者是为了省力、省时、舒适，或为了表现自己、逞能等个人需要
		（2）情境有意违章	①离结束工作的时间很近或快下班时，检查者不认真检查就签字或没有做完就签字，或自己认为来不及请示就操作 ②监护人员看到操作人员很忙或操作很困难时就主动放弃监护去帮忙操作 ③负责人看到现场人手紧，就违反安全规定支配监护人员去做别的事情 ④"随大流"违章，即在违章成风的集体里，个别人遵守规程反而觉得被大家所孤立
性格型违章	违章者生性鲁莽，工作中冒冒失失、丢三落四，已成为习惯，且满不在乎		

（二）习惯性违章行为的常见表现

以下是一些工厂内常见的违章现象，班组长可以凭此为标准，检查自己班组内的违章情况。

1. 违反安全生产管理制度

（1）操作前不检查设备、工具和工作场地就进行作业。

（2）设备有故障或安全防护装置缺乏，凑合使用。

（3）发现隐患不排除不报告，冒险操作。

（4）新进厂工人、变换工种复工人员未经安全教育就上岗。

（5）特种作业人员无证操作。

（6）危险作业未经审批或虽经审批但未认真落实安全措施。

（7）在禁火区吸烟或明火作业。

（8）封闭厂房内安排单人工作或本人自行操作的。

2. 违反劳动纪律

（1）在工作场所工作时间内聊天、打闹。

（2）在工作时间脱岗、睡岗、串岗。

（3）在工作时间内看书、看报或做与本职工作无关的事。

（4）酒后进入作业岗位。

（5）未经批准，开动本工种以外设备。

3. 违反安全操作规程

（1）跨越运转设备，设备运转时传送物件或触及运转部位。

（2）开动被查封、报废设备。

（3）攀登吊运中的物件，以及在吊物、吊臂下通过或停留。

（4）任意拆除设备上的安全照明、信号、防火、防爆装置和警示标志，以及显示仪表和其他安全防护装置。

（5）容器内作业时不使用通风设备。

（6）高处作业往地面扔物件。

（7）违反起重"十不吊"，机动车辆驾驶"七大禁令"。

（8）戴手套操作旋转机床。

（9）冲压作业时手伸进冲压设备危险区域。

（10）开动情况不明的电源或动力源开关、闸、阀。

（11）冲压作业时不使用规定的专用工具。

（12）冲压机床配备有安全保护装置而不使用。

（13）冲压作业时"脚不离踏"。

（14）站在砂轮正前方进行磨削。

（15）进行调整、检查、清理设备或装卸模具测量等工作时不停机断电。

4. 不按规定穿戴劳动防护用品、使用用具

（1）留有超过颈根以下长发、披发或发辫，不戴工作帽或戴帽不将头发进帽内，就进入有旋转设备和生产区域。

（2）高处作业或在有高处作业、有机械化运输设备下面工作而不戴安全帽。

（3）操作旋转机床设备或进行检修试车时，敞开衣襟操作。

（4）在易燃、易爆、明火等作业场所穿化纤服装操作。

（5）在车间、班组等生产场所赤膊、穿背心。

（6）从事电气作业不穿绝缘鞋。

（7）电焊、气焊（割）、碰焊，金属切削等加工中，有可能有铁屑异物溅入眼内而不戴防护眼镜。

（8）高处作业位置非固定支撑面上，或在牢固支撑面边沿处，在支撑在坡度大于45°的斜支撑面上工作未使用安全带。

三、习惯性违章的原因

习惯性违章发生的主要原因就是行为者的安全思想认识不深，存在侥幸心理，错误地认为习惯性违章不算违章，殊不知这种细小的违章行为却埋下了安全事故发生的隐患，成为灾难发生的根源。美国学者海因星曾经对 55 万起各种工伤事故进行过分析，其中 80% 是由于习惯性违章所致。

（一）违章人员的行为动机（表 8-4）

表 8-4　违章人员的行为动机一览表

类型	表现
1. 侥幸心理	"明知故犯"，认为"违章不一定出事，出事不一定伤人，伤人不一定伤我"。例如，某项作业应该采取安全防范措施而不采取；需要某种持证作业人员协作的而不去请，指派无证人员上岗作业；该回去拿工具的不去拿，就近随意取物代之等
2. 惰性心理	惰性心理也称为"节能心理"，是指在作业中尽量减少能量支出，能省力便省力，能将就凑合就将就凑合
3. 逐利心理	个别作业人员（特别是在计件、计量工作中）为了追求高额计件工资、高额奖金，以及自我表现欲望等，将操作程序或规章制度抛在脑后，盲目加快操作进度
4. 逞能心理	作业人员自以为是，盲目操作。有的作业人员自以为技术高人一等，逞能蛮干，凭印象行事，往往出现违章操作、误操作或误调度，造成事故
5. 麻痹心理	行为上表现为马马虎虎、大大咧咧、口是心非、盲目自信。过于相信以往成功经验或习惯，我行我素
6. 帮忙心理	例如开关推不到位、刀闸拉不动等现象，操作者常常请同事帮忙，帮忙者往往碍于情面或表现欲望，但是在不了解设备情况下，如果盲目帮忙去操作，极容易造成事故
7. 冒险心理	在生产过程中，会出现现场条件较恶劣情况，严格按有关规程制度执行确有困难，有的作业人员不针对实际情况采取必要的安全措施，冒险作业
8. 闲散心理	在工作中不求上进，缺乏积极性，平时不注意学习，技术水平一般，自我保护意识差，从事简单的工作，都有可能发生事故
9. 无所谓心理	（1）当事人根本没意识到危险的存在，对安全、对章程缺乏正确认识 （2）对安全问题说起来重要，干起来次要，比起来不要，在行为中根本不把安全管理制度等放在眼里 （3）认为违章是必要的，不违章就干不成活
10. 从众心理	看见别人能违章、违纪没出事，自己也跟着别人违章、违纪
11. 盲从心理	师傅带徒弟的过程中，将一些习惯性违章行为也传授给徒弟，有的徒弟不加辨识，全盘接受
12. 好奇心理	生产过程中，当运用一些平日难得一见的新设备、新装备时，出于好奇心理，往往会自己动手实践一番，由于行为者对设备情况不熟悉、不了解，极容易发生意外事故
13. 技术不熟练	由于技术不熟练，对突如其来的异常情况，惊慌失措，甚至茫然，无法进行应急处理
14. 缺乏安全知识	对正在进行的工作应该遵守的规章制度根本不了解或一知半解，工作起来凭本能、热情和习惯

（二）物的不安全因素

在实际工作中，有部分事故是由于外界条件的影响或限制，导致直接诱发员工违章行为的发生。以下介绍常见的物的不安全因素。

1. 人机界面设计不合理

作业人员使用的工器具，由于人机界面设计不符合操作安全、高效、方便、宜人等要求，这是引发人员违章操作的一个重要原因。目前，我国生产安全工器具的企业尚未全面实行产品安全质量认证制度，生产产品的企业对安全工器具人机界面是否适应操作需要的考虑很少，员工在使用过程中感到别扭难受，导致员工不愿意佩戴或使用安全工器具。例如，个别企业生产的安全帽，不具备透气功能，在炎热的天气下，员工佩戴此类安全帽在野外露天作业时容易出现中暑现象。

2. 作业环境不适

作业环境不适应工人操作也是引发违章违纪操作的一个重要原因，例如工作现场的噪声、高温、高湿度、臭气等使人难以忍受，导致工人急于离开作业环境。或者作业面空间过于窄小，难以按规程作业等。正是由于存在这些原因，一方面容易导致工作质量无法保证；另一方面容易引发员工违章违纪冒险作业等。对此，管理技术人员应根据具体情况，并按照科学性和合理性原则制定具体施工措施和方案。

四、习惯性违章发生的规律

违章属于随机事件，所以违章的具体发生是很难预测的，但是，随机事件也有规律可循，通常遵循"大数定律"。从大量违章事件统计分析，可以得出以下规律。

（一）违章的多发时间

违章的多发时间一般出现在以下时间。

（1）节假日及其前后。这个时候，操作人员思想受干扰较多，工作时注意力容易分散而导致违章。

（2）交接班前后。交接班前后的一个邻近时间段，为人的"注意力低峰"，交班者注意力放松，接班者则还没有完全进入"角色"。有时在交班前，为了赶在下班前完成某项任务，草草收尾，因而遗漏某个操作或有意违规，以达到加快完成任务的目的，结果导致严重的事故。在交接班前后，不但容易违章而导致事故发生，而且一旦发生事故，由于不易做到指挥统一，协调一致，还可能扩大事故。

（3）根据异常事件按时间分布的统计，结果表明异常事件的发生率在凌晨4:00～6:00出现峰值。这个时间，通常人是最容易犯困的时候，思想较难集中，所以容易违章。

（二）违章的多发作业

违章的多发作业有以下情况。

（1）高空作业、高层建筑、架桥、大型设备吊装等。

（2）地下作业、煤矿井下、地下隧道作业等。

（3）带电作业。

（4）有污染的作业，例如，在高噪声、含有毒物质、有放射性物质的环境下作业。

（5）在交叉路口、陡坡、急转弯、闹市区行车，雾天行车或飞机航行。

（6）复杂操作，如飞机起飞、着陆过程，复杂系统的启动过程。

（7）单调的监控作业，随着自动化程度的日益提高，许多手工操作由机器完成，人们只起监控作用。在绝大多数情况下，机器正常运行，虽然人的工作负荷很小，但又不能离开作业区域或做其他事情，此时非常容易产生心理疲劳从而导致违章。

（8）单独外出作业或工作小分队外出作业，由于缺乏现场监督而违章。

（9）违章在维修行业中，特别是在电气维修中更为普遍，尤其是在电气抢修中。

（三）违章与生物节律的关系

违章易发生于生物节律的临界期或低潮期。人体生物节律是指人从出生那天起，其体力、情绪和智力就开始分别以 23 天、28 天、33 天的周期，从"高潮期—临界期—低潮期—临界期—高潮期……"的顺序，循环往复，各按正弦曲线变化，直至生命结束。人的行为受这三种生物节律的影响。在高潮期，人处于相应的良好状态，表现为体力充沛、精力旺盛、心情愉快、情绪高昂、思维敏捷、记忆力好。在低潮期，人则处于较差状态。生物节律曲线与时间轴相交的前后 2～3 天为"临界期"，人处于此时，其体力、情绪和智力正在变化过渡之中，这一时期是最不稳定的时期，人的机体各方面协调性差，最易出现违章行为。

（四）其他情况的多发现象

① 责任心和安全意识比较差的人容易违章。

② 对所从事的工作不感兴趣的人容易违章。

③ 有些违章出于一时的错误闪念。

五、如何消除习惯性违章行为

事实证明，违章主要发生在班组，因此，反违章应着重从班组抓起。那么，班组应怎样抓好反违章工作呢？

（一）加强教育工作，提高思想认识

因为大多数违章者主要是主观认识错误或出于无意、无知，所以思想教育非常重要。

1. 建立风险意识

要使操作人员建立安全的基本概念，建立风险意识，特别是对潜在风险要有清醒的认识。安全与风险是一个问题的两面，有了风险意识也就有了安全意识，这样就会警惕各种危险源，提高责任感。有了风险概念，就能理解违章可能是零事故，

但绝不是零风险，而且，只要允许一次违章，就会有第二次、第三次，以至违章成为习惯性的、普遍性的事情，成为企业精神上的腐蚀剂。那样，必将导致频发事故，使企业蒙受巨大损失，甚至失去生存能力。因此，必须使人人都认识到：违章是企业绝对不能允许的。

要针对"违章不一定出事故"的侥幸心理，用正反两方面的典型案例分析其危害性，启发员工自觉遵章守纪，增强自我保护意识。通过自查自纠，自我揭露，同时查找身边的不安全行为、事故苗子和事故隐患，从"本身无违章"到"身边无事故"。

2. 要使操作人员了解人类基本心理

要使操作人员了解人的基本心理特性，人性的弱点，了解人为什么会失误，弄清楚人的行为与动机之间的关系，人的需要与价值观之间的关系。要让他们清楚了解企业的需要和企业的目标；认识个人需要与企业需要之间的关系，把个人的需要与企业的需要统一起来，在操作中应首先考虑企业需要。安全是企业的第一需要，是企业的生命，确保安全是每个员工的责任。当他们真正明确了自己个人的需要与企业需要之间的利害关系时，就会在操作时自觉抑制违反规章的需要，而只保留按规程操作的需要。

3. 要使操作人员强化法律意识

操作人员不但要遵守操作工作的规章制度，还要遵守相关的行业法规，如电气设备运行、维修操作，要遵守电气设备操作安全法规。

（二）抓好岗位培训

坚持在职培训，不断提高专业知识水平和操作技能，特别是操作技能培训，使按操作规程操作成为一种习惯，这对减少知识型无意违章和有意违章都是重要的。

在职培训要让员工掌握作业标准、操作技能、设备故障处理技能、消防知识和规章制度；向先进水平挑战，做到"四比"（比敬业爱岗态度、比职业技术水平、比实际操作能力、比安全作业标准），"四不"（不伤害自己、不伤害他人、不被他人伤害、保护别人不被伤害）。

（三）开好班前会

开好班前会是做好班组安全管理的重要手段。其主要内容应包括以下几方面。

（1）确认从业人员健康和心理状况。班组长和安全员应关注每个班组成员的身心健康，保证每个人都以充沛的体力和饱满的精神投入工作。发现健康状况不良、疲倦或带着烦恼和心事上岗的人员，应给予教育、帮助或临时调换其工作。为保证安全，必要时可暂停其工作。

（2）进行劳保用品穿戴情况的检查。

（3）进行作业指示和危险的分析预测。

（4）分配任务，做好共同作业中的配合与联系的安排，保证集体作业中的安全。

（四）建立班组成员互保制

（1）通过互保制，班组成员互相帮助，互相监督，互相提醒，消除、控制危险因素，防止发生伤害事故。

（2）互相检查设备工具和安全装置是否符合安全要求。

（3）互相督促实行标准化作业。

提高以上措施，达到共同遵守安全生产规章制度，实现安全生产的目标。

（五）建立健全安全档案

建立健全安全档案，是班组安全建设的基础工作，对于了解掌握班组安全建设的发展变化情况，总结经验，发扬成绩，吸取教训，克服缺点，为不断推进科学的安全管理积累资料都有重要的意义。

根据工作需要和上级文件规定，班组必须建立健全员工安全教育培训、工具设备、危险点、安全检查、安全隐患整改、岗位目标考核等相应档案、台账。其中教育培训档案实行安全生产记录卡制度，确保"一人一档一卡"，做到内容翔实，分类建档，备案待查。

（六）开展危险预知活动

（1）对于各岗位生产特点和工艺过程，以其危险源为对象，通过从业人员自己的调查分析研究来预防事故发生，唤起全体生产人员对安全的重视，增强对危险的敏感性、识别能力和预知能力。

（2）提高操作规程的可操作性。

（3）在重要操作步骤前加提示，以免遗漏。

（4）强化按照规程进行操作的训练，强化对重要操作进行监护的训练。

（5）定期检查危险点、危险源，并使操作者熟知，而不敢轻易违章。

（6）增加各种硬件的防错、容错功能，例如，有人闯入禁区会立即出现报警信号；机件的设计使得不按次序拆卸或装配成为不可能等。

（七）抓好重点管理人群

班组长是班组的核心，他们既是生产经营者，又是管理者。班组安全工作的好坏主要取决于这些人。班组长要敢于抓"习惯性违章"，就能带动一批人，管好一个班。班组长在安全管理中要着重抓好以下两类人员。

（1）特种作业人员。他们都在关键岗位，或者从事危险性较大的职业和作业，随时有危及自身和他人安全的可能，特种作业是事故多发之源。

（2）青年员工。他们多为新工人，往往安全意识较差，技术素质较低，好奇心、好胜心强，极易发生违章违纪现象。当他们看到一些老师傅违章作业既省力，又没出事故，也就盲目效仿，习惯性违章行为就会被继承下来。

把上述两种人作为反"习惯性违章"的重点，进行重点教育、培训、管理，并分别针对其特点加以引导和采取相应的措施，就可有效控制"习惯性违章"行为，降低事故发生率。

（八）狠抓现场安全管理

现场是生产的场所，是员工生产活动与安全活动交织的地方，也是发生"习惯性违章"，出现伤亡事故的发源地，所以狠抓现场安全管理尤为重要。要抓好现场安全管理，安监人员要经常深入现场，不放过每一个细节。在第一线查"习惯性违章"疏而不漏，纠正违章铁面无私，抓防范举一反三，搞管理新招迭出，居安思危，防患于未然，把各类事故消灭在萌芽状态，确保安全生产顺利进行。

同时，应加强现场作业环境的管理，不断改善作业条件。因为人的安全行为除了内因的作用和影响外，还受外因的作用和影响。环境、设备的状况对劳动生产过程的人也有很大的影响。如果环境差、设备设置不当，会出现这样的模式：环境差—人的心理受不良刺激—扰乱人的行动—产生不安全行为，设备设置不当—影响人的操作—扰乱人的行动—产生不安全行为。反之，环境好，能调节人的心理，激发人的有利情绪，有助于人的行为；设备设置恰当、运行正常，有助于人的控制和操作。因此，要控制习惯性违章，保障人的安全行为，必须创造良好的环境，保证设备的状况良好和合理，使人、设备、环境更加协调，从而增强人的安全行为。

（九）养成良好习惯

人们在工作、生活中，某些行为、举止或做法，一旦养成习惯就很难改变。俗话说："习惯成自然。"在实际工作中，养成的违章违纪恶习势必酿成事故，后患无穷，严重威胁着安全生产。

（1）对不安全行为乃至成为习惯的主观因素进行认真分析，有针对性地采取矫正措施，克服不良习惯。

（2）要利用班前会、班组学习来提高员工的安全意识。

（3）开展技术问答、技术练兵，提高安全操作技能。

（4）严格标准，强调纪律，规范操作行为。

（5）实行"末位淘汰制"，促使员工养成遵章守纪、规范操作的良好习惯。

（十）培育良好的安全文化氛围

企业内外反对违章以及重视安全的思想氛围，对违章者的行为有很大的影响。虽然违章发生在个人身上，但它不是一个孤立的事件，如果他周围的人都有很强的安全意识、责任意识、法律意识，都把违章视为绝对不可容忍的行为，都有良好的按规程操作的习惯，那么违章就没有生存的土壤。所以，必须培育安全文化，加强全体管理人员和员工的安全责任意识和法律意识。这是最根本的、最有效的、需要长期坚持的企业安全文化。如果说管理违章有什么灵丹妙药可治的话，那就是不断培育良好的安全文化氛围。安全文化的奖惩制度，应该赏罚分明。班组长要以身作则，依靠群众，令行禁止，雷厉风行，强化规范操作训练。

第九章
企业生产安全检查

Chapter 09

第一节　安全检查的内容与形式

　　企业的安全检查，是指对生产作业现场的不安全因素或事故隐患的检查。其目的是查出事故隐患和不安全因素，然后组织整改，消除隐患，做到防患于未然。

　　安全检查的对象，主要是人、物、环境、管理四因素，也可以从"五查"的范围进行，即查思想、查领导、查制度、查纪律、查隐患。

一、安全检查的内容

1. 检查物的状况是否安全

　　检查生产设备、工具、安全设施、个人防护用品、生产作业场所，以及生产物料的存储是否符合安全要求。检查的重点在于以下几方面。

　　（1）检查生产设备是否运转正常，其记录是否完整。

　　（2）危险化学品生产与储存的设备、设施，以及危险化学品专用运输工具是否符合安全要求。

　　（3）在车间、库房等作业场所设置的监测、通风、防晒、调温、防火、灭火、防爆、泄压、防毒、消毒、中和、防潮、防雷、防静电、防腐、防渗漏、防护围堤，以及隔离操作的安全设施是否符合安全运行的要求。

　　（4）通信和报警装置是否处于正常适用状态。

　　（5）危险化学品的包装物是否安全可靠。

　　（6）生产装置与储存设施的周边防护距离是否符合国家的规定，事故救援器材、设备是否齐备、完好。

　　（7）检查各类物品是否整齐摆放。

　　（8）检查作业现场的环境是否干净整洁。

2. 检查人的行为是否安全

　　检查作业者是否违章作业、违章指挥、违章操作，有无违反安全生产规章制度的行为。重点检查危险性大的生产岗位是否严格按操作规程作业，危险作业是否执行审批程序等。

3. 检查安全管理是否完善

（1）检查的主要内容

① 安全生产规章制度是否建立健全。

② 安全生产责任制是否落实。

③ 安全生产目标和工作计划是否落实到各部门、各岗位。

④ 安全教育是否经常开展，员工安全素质是否得到提高。

⑤ 安全管理是否制度化、规范化。

⑥ 对发现的事故隐患是否及时整改。

⑦ 实施安全技术与措施计划的经费是否落实。

⑧ 是否按"四不放过"原则做好事故管理工作。

> "四不放过"原则：
> 事故原因未查清不放过；
> 事故责任人未受到处理不放过；
> 事故责任人和周围群众没有受到教育不放过；
> 事故没有制定切实可行的整改措施不放过。

（2）企业安全重点检查内容

从事特种作业和危险化学品生产、经营、储存、运输、废弃处置的人员和装卸管理人员是否都经过安全培训，并经考核合格取得了上岗资格；是否制定了事故应急救援预案，并定期组织救援人员进行演练等。企业安全检查重点见表 9-1～表 9-9。

表 9-1　企业安全检查重点（安全教育）

检查重点	具体内容
计划	(1)从事安全教育的部门、组织是否合理 (2)有关安全教育的计划、决议和安全管理方针与业务的关系是否恰当 (3)安全教育的计划内容有无遗漏
实施	(1)对新员工是否进行了适当的安全教育 (2)对一般员工是否进行了充分的安全教育 (3)对特殊工种的操作人员是否进行了适当的安全教育 (4)对管理监督者是否进行了适当的安全教育 (5)对经常发生事故的员工是否进行了适当的安全教育 (6)对企业的各级管理者是否进行了适当的安全教育
普及	(1)安全教育的普及是否与安全管理方针、安全管理计划及安全教育的内容有密切关系 (2)安全教育实施结果的汇总方法和报告方法是否合适 (3)安全教育普及的具体内容是否适合 (4)安全教育的普及是否与车间互相密切配合

检查重点	具体内容
安全生产	(1)安全表彰、惩罚制度及其实施是否合理 (2)是否积极采纳了工作人员的安全建议和意见 (3)安全活动的计划是否合理 (4)厂内有关的各种宣传活动是否已积极开展起来 (5)管理监督人员、一般工作人员对安全生产是否积极配合 (6)是否积极学习有关外厂的安全活动和管理方法

表 9-2　企业安全检查重点（安全检查制度）

检查重点	具体内容
形成制度	(1)安全检查实施标准有无具体规定 (2)工作人员对安全检查制度是否彻底了解 (3)安全检查的责任区分是否明确 (4)安全检查的实施次数和检查人员有无明确规定
贯彻执行	(1)安全检查是否有计划地定期进行 (2)进行安全检查的负责人素质怎么样 (3)进行安全检查时是否切实按规定的检查日期、检查次数、检查项目严格执行 (4)需要进行安全检查的项目有无遗漏 (5)安全检查发现遗漏时采取了哪些补救措施
结果处理	(1)安全检查的结果是否有目前的记录 (2)对安全检查的结果、发现的问题是否及时地进行了处理 (3)事后处理的实施办法及其责任是否明确

表 9-3　企业安全检查重点（安全管理业务）

检查重点	具体内容
安全管理业务	(1)安全管理是否包含了必要的业务内容 (2)安全管理部门所需人员的组成和分工是否适合 (3)安全管理守则、规程和纲要是否完善 (4)安全管理的日常工作是否正常进行 (5)事故发生后，上报程序、处理方法、预防措施是否适合

表 9-4　企业安全检查重点（安全设施）

检查重点	具体内容
危险区域的安全设施	(1)根据安全法规后调查研究的结果,应设置的安全设施有无遗漏 (2)设计、制造和设置安全设施时是否进行了充分的研究 (3)需要设置安全设施的场所是否已经迅速安装
已安装的安全设施	(1)从设备的角度看,安全设施是否充分发挥了作用 (2)工作人员对安全设施是否充分了解和认识,并有效地利用 (3)是否充分考虑了安全设施和工作效率之间的关系

检查重点	具体内容
安全设施维修和改进	(1)是否经常认真地进行安全设施的检查 (2)是否充分考虑了安全设施的改进和完善 (3)安全设施的修配是否迅速、彻底
必要的安全标志	(1)必要的安全标志有无遗漏 (2)安全标志的图案和设置地点是否适合 (3)工作人员对安全标志的了解和识别是否透彻 (4)安全标志的维护是否认真

表 9-5　企业安全检查重点（操作环境）

检查重点	具体内容
现场调查	(1)对改善危险有害环境所需的原始资料是否进行了充分的收集和研究 (2)测定危险有害程度的项目是否符合实际情况 (3)测定危险有害程度的方法是否正确 (4)环境调查报告的内容和方法是否适合
调查结果运用	(1)根据环境调查结果,对于应采取措施的先后顺序、判断是否正确 (2)根据环境调查结果,是否迅速而正确地采取了改善措施 (3)根据环境调查结果,工作人员对改善是否坚决支持 (4)环境改善以后,对人员和工作效率的影响是否进行了调查

表 9-6　企业安全检查重点（防护用品）

检查重点	具体内容
发放情况	(1)对需要防护用品的岗位和作业是否进行了充分的研究,有无遗漏 (2)防护用品的选择是否符合实际情况 (3)防护用品的发放数量是否合理
性能要求	(1)对于防护用品的性能是否进行了充分的研究 (2)对发放的防护用品的性能是否做了现场调查 (3)性能差的防护用品及次品的更换和补充是否及时
使用状况	(1)是否充分掌握了所发放防护用品的使用情况 (2)对没有充分利用防护用品的原因是否进行了详细的调查 (3)是否积极地听取了操作人员对发放防护用品的意见,是否采取了试制和改进的措施 (4)是否迅速地更换了发放给工作人员的不适合的防护用品
发放管理	(1)防护用品的发放是否有明确的规定 (2)防护用品发放标准是否合理 (3)是否严格地执行了防护用品的发放标准 (4)防护用品的管理状况是否合理

表 9-7　企业安全检查重点（搬运）

检查重点	具体内容
计划	(1)搬运的管理方式是否安全,与生产方式是否适应 (2)搬运方式有无明确规程 (3)工作人员对搬运规程是否了解
动力机械	(1)动力机械搬运是否符合法规规定 (2)轨道车、起重机、叉式万能装卸机等设备的种类、形状、能力、数量的配备是否安全、有效 (3)动力机械搬运机器的维修方法是否适合 (4)动力机械搬运人员是否充足,是否充分考虑了发生事故时人员的补充问题
人力搬运	(1)人力搬运是否符合法规和公司内部的规定 (2)是否使用了安全而有效的搬运工具 (3)是否配备了合格的搬运人员
厂内交通	(1)厂内交通安全是否有合理的规定 (2)员工对厂内安全交通规定是否完全了解 (3)是否采取了措施使外来人员易于了解厂内的交通规定

表 9-8　企业安全检查重点（危险物质）

检查重点	具体内容
管理	(1)危险物质的管理有无明确规定,内容是否合理 (2)危险物质的保管措施、储藏的容器和方法是否正确 (3)危险物质有无适当的提醒标志 (4)危险物质的发放方法及处理是否正确
使用	(1)危险物质的发放和搬运是否正确 (2)危险物质在使用地点的保管和处理是否正确 (3)操作人员对危险物质的处理是否正确

表 9-9　企业安全检查重点（火灾预防）

检查重点	具体内容
预防措施	(1)预防火灾的规定是否合理 (2)防火负责人是否明确 (3)工作人员对危险物质的处理是否正确
消防设施与组织	(1)消防组织是否合理 (2)消防设施是否完善 (3)是否制定了必要的消防和疏散计划,对工作人员是否进行了必要的训练

二、安全检查的主要形式

安全检查主要采取季节性检查、节日前检查、专业性检查、普遍性检查和日常性检查五种形式。

（一）季节性检查

（1）春季安全检查：以防雷、防静电、防解冻跑漏、防建筑物倒塌为重点。

（2）夏季安全检查：以防暑降温、防台风、防汛为重点。

（3）秋季安全检查：以防火、安全防护设施、防冻保温为重点。

（4）冬季安全检查：以防火防爆、防煤气中毒、防冻防凝、防滑为重点。

季节性安全检查以安全部门为主，由有关科室和车间安全员组织进行，也可以和全厂性的岗位责任制大检查结合起来进行。

（二）节日前检查

每年有春节、劳动节、国庆节等节日，企业要在每个节日前组织一次安全、保卫检查，对节日安排、安全保卫、消防措施，以及生产准备等工作进行检查落实，一般由安全、生产、机动、保卫、消防等部门联合组织检查。

（三）专业性检查

专业性检查的形式一般分为专业安全检查和专题安全调查两种。它是对一项危险性大的安全专业和某一安全生产薄弱环节进行专门检查或专题单项调查。调查比检查工作要求深入，内容要细，时间要长，并要有分析报告。其目的都是为了及时查清隐患和问题现状、原因及危险性，提出预防和整改建议，督促消除和解决，保证安全生产。

检查或调查的内容有：蒸汽锅炉的运行情况，压力容器使用状况，电气设备、机械设备、运输车辆的安全状况，危险物品的保管储存，消防设施，防尘、防毒措施等；还可以对一部分设备、管线环境或者是部分员工素质、某项安全制度的执行情况，以及一个时期安全生产中带倾向性的问题，进行调查分析，找出主要问题，提出对策建议，写出总结报告。

专业性的安全检查，以安全人员为主，吸收与调查内容有关的技术人员和管理人员参加。

（四）普遍性检查

1. 普遍性检查的性质

普遍性检查是厂级统一组织的全面性的安全检查，或者是综合性的岗位责任制大检查。检查的范围是全方位的，检查的内容是综合性的，参加的人员是全员性的，检查的形式是按自下而上的层次，分阶段进行，发动群众自查自改，领导亲自组织，分片分组带领机关干部深入现场边查边改，最后总结评比，落实整改。

2. 普遍性检查的特点

普遍性检查的特点是：声势大、发动广、检查全、内容多、领导重视、解决问题快。检查时要坚持领导与群众相结合、普遍检查与专业检查相结合、检查与整改相结合的原则。普遍性检查一般每季度一次。

3. 普遍性检查的实施

（1）检查人员及内容。定期综合性安全检查应成立检查组，按事先制定的检查计划进行，对企业的安全生产工作开展情况，以检查管理情况为主。

① 检查安全生产责任制的落实情况。

② 检查领导在思想上是否重视安全工作，行动上是否认真贯彻"安全第一、预防为主"的方针。

③ 检查安全生产计划和安全措施、技术、计划的执行情况，安全目标管理的实施情况，各项安全管理工作（包括制度建设、宣传教育、安全检查、重大危险源安全监控、隐患整改等）的开展情况。

④ 检查各类事故是否按"四不放过"的原则进行处理，事故应急救援预案是否落实，是否组织了演练。

⑤ 对生产设备的安全状况进行检查，对主要危险源、安全生产要害部位的安全状况要重点检查。

（2）检查要求

① 检查应按事前制定好的安全检查表中的内容逐项进行，对检查情况做好记录，如贴上"完好"等检查结果标签或填在检查表中。

② 对检查发现的隐患要及时发出整改通知，规定整改内容、期限和责任人，并对整改情况进行复查。

③ 检查组应针对检查发现的问题进行分析，研究解决办法，同时根据检查所了解到的情况评估企业、车间的安全状况，研究改善安全生产管理的措施。

（五）日常性检查

1. 各岗位作业人员日常检查

各岗位作业人员应在每天操作前对自己的岗位进行自检，确认安全后再进行操作，以检查物的状况是否安全为主。检查内容主要有以下几项。

① 作业场所的安全性。注意周围环境的卫生，工序通道畅通，梯架台稳固，地面和工作台面平整等。

② 使用材料的安全性。注意材料的堆放或储藏方式，装卸地方大小，材料有无断裂、毛刺、毒性、污染或特殊要求，运输、起吊、搬运手段、信号装置是否清晰等。

③ 工具的安全性。注意工具是否齐全、清洁，有无损坏，有何特殊使用规定、操作方法等。

④ 设备的安全性。注意设备的防护、保险、报警装置情况，以及控制机构、使用规程等要求的完好情况。

⑤ 其他防护的安全性。注意防暑降温、保暖防冻的防护用品是否齐备和正确使用，衣服鞋袜及头发长短是否符合要求，有无消防和急救措施。对检查中发现的

问题应及时解决，问题处理完毕才能继续作业，如无法处理或无把握时，应立即向班组长报告。

2. 安全人员日常巡查

企业安全主任、安全员等安全管理人员应每日到生产现场进行巡视，检查安全生产情况，巡查的主要内容有以下几方面：

① 作业场所是否符合安全要求；

② 作业人员是否遵守安全操作规程，是否有违章违纪行为；

③ 协助生产岗位的作业人员解决安全生产方面的问题。

3. 安全检查的方法

应该先把所要检查的具体项目及检查标准定好，印成安全检查表，然后发给检查者，由检查者按项目内容和标准进行检查核对，最后作出结论或评价，并签字。每个专业、每项检查都应分别制定相应的安全检查表，否则会使检查者心中无数或漏检。

4. 安全检查的组织方式

（1）全厂性检查每季度进行一次，由工厂领导组织，有关科室和专业人员参加。

（2）车间检查每月进行一次，由车间主任组织，车间专业人员参加。

（3）班组检查每周进行一次，由班长组织，班组安全员和岗位组长参加。

（4）岗位检查每天班前进行，班中至少还要检查一次，由操作人员进行。

第二节　安全检查的有效实施

一、如何制定安全检查表

安全检查表是为检查企业的安全状况而事先拟好的检查和诊断项目明细表。

（一）安全检查表的种类

1. 按检查的内容划分

（1）检查安全管理状况的检查表可细分为《安全管理检查表》《安全制度建设检查表》《安全教育检查表》《事故管理检查表》等，主要用于检查安全生产法规的贯彻执行情况、管理的现状、管理的措施和成效，以便发现管理缺陷。

（2）检查安全技术防护状况的检查表，按专业可分为《机械安全检查表》《电气安全检查表》《消防安全检查表》《职业危害检查表》等，主要用于检查职业安全卫生标准的执行情况；生产设备、作业场所、物料存储是否符合安全要求；危险源是否采取了有效的安全防护措施，安全防护设施是否运转正常，以便及时发现不安全状况。

2. 按检查的范围划分

安全检查表按检查的范围，可分为全厂检查表、车间检查表、班组检查表、岗位检查表。

3. 按检查的周期划分

安全检查表按检查的周期，可分为日常检查表和定期检查表。

（二）安全检查表的内容

安全检查表的内容决定其应用效果。安全检查表应列举需查明的所有导致事故的不安全因素。安全检查表通常采用提问方式，并以"是"或"否"来回答，"是"表示符合要求，"否"表示还存在问题，有待进一步改进。回答"是"的在相应选项画"√"，回答"否"的在相应的选项画"×"，在每个问题后面也可以设"改进措施"栏。另外，每张安全检查表都需注明检查时间、检查者，以便分清责任。安全检查表的内容举例如下。

（1）设计审查用安全检查表，主要供设计人员和安全检查人员，以及安全检查评价人员在设计审核时使用，内容要求系统、全面、符合安全防护措施的规范和标准，并按一定的格式要求列成表格。

（2）企业安全检查表，主要用于全厂性安全检查和安全生产动态检查，供安全监察部门进行日常安全检查和 24 小时安全巡回检查时使用。

（3）专业性安全检查表，主要用于专业性的安全检查或特种设备的安全检验，如防火防爆、防尘防毒、防冻防凝、防暑降温，压力容器、锅炉、工业气瓶、配电装置、起重设备、机动车辆、电气焊等设备的安全检验。

（三）编制安全检查表的注意事项

编制安全检查表要力求系统、完整，不漏掉任何可能引发事故的关键因素，因此编制安全检查表应注意以下问题。

（1）安全检查表的内容要重点突出、简繁适当，有启发性。

（2）各类安全检查表的内容应针对检查对象的不同而有所侧重，尽量避免重复。

（3）安全检查表的每项内容要明确定义，以便于操作。

（4）安全检查表的内容要随工艺的改造、环境的变化和生产异常情况，而不断修订、变更和完善。

（5）凡能够造成事故的一切不安全因素都应列出，确保各种不安全因素能够及时被发现，并及时被消除。

（6）实施安全检查表应依据其适用范围，经各级领导审批，使企业管理者重视安全检查。安全检查人员检查后应签字，对查出的问题要及时反馈到各相关部门，并落实整改措施，明确责任。

（四）安全检查表的使用

为了达到预期目的，使用安全检查表时应注意以下五个问题。

（1）各类安全检查表都有明确的适用对象，不宜通用。

（2）应落实安全检查人员。

（3）应将检查表列入相关安全检查管理制度中。

（4）必须注意信息的反馈及整改措施的落实。

（5）严格按安全检查表中的内容进行检查。

二、安全检查的准备及实施

安全检查想要取得成效，就必须做好安全检查的组织实施工作。

（一）建立检查组织机构

根据安全检查的规模、内容和要求，建立适应安全检查需要的组织机构。

（1）企业内部的安全检查，由企业安全生产委员会（以下简称"安委会"）组织领导，具体工作由安委会常设执行机构安全部门负责。

（2）规模较小的、检查范围较窄的（例如，一个车间的安全检查）安全检查，可由车间主任负责组织车间安全员、专业技术人员进行检查，或发动员工自行检查。

（二）安全检查的准备

1. 思想准备

（1）对广大员工，要做好宣传和动员工作，开展群众性的自检自查。

（2）对于参加检查工作的人员，要进行短期培训。

2. 业务准备

（1）确定检查目的、步骤、方法，建立检查组织，抽调检查人员，安排检查日程。

（2）分析过去几年所发生的各种事故的资料，并根据实际需要制作一些表格、卡片，用以记载曾发生事故的次数、部门、类型、伤害性质和伤害程度，以及发生事故的主要原因和采取的防护措施等，以提醒检查人员注意。

（3）准备好事先拟定的安全检查表，以便逐项检查，做好记录，避免遗漏。

（三）实施检查

在检查实施过程中，应采取灵活多样的检查方法。例如，深入现场实地检查，召开汇报会、座谈会、调查会，个别访问清查，查阅有关文件和资料等，这些都是常用的有效方法，可以根据实际情况灵活应用。检查时可以用相机将检查中发现的情况拍摄下来，作为改善的依据。

（四）检查总结

（1）检查结束后，应将此次检查的目的、范围、存在的主要问题和整改情况，以及经验推广情况和整个检查范围内的安全生产情况等内容制作成书面材料，随同检查结果（表格内容或检查项目）向有关领导汇报后，存入安全检查档案。

（2）设置评比看板，对检查结果进行评比。对安全生产抓得好，有一定的安全生产管理经验的部门要进行表彰、奖励，并召开安全生产现场会。

（3）对安全管理混乱、隐患多、事故多的部门要提出批评意见和建议，也可召开现场会，以总结经验、教训。

三、安全检查应注意的事项

（1）将自查与互查有机结合起来。基层以自查为主，行业（或分区、片）互相检查，相互取长补短，相互学习、借鉴。

（2）坚持检查与整改相结合。检查中发现的不安全因素，要根据检查记录进行整理和分析，采取整改措施。应区分情况进行处理，一时难以整改的，要采取切实有效的防范措施。

（3）制定和建立安全档案。收集基本数据，掌握基本安全情况，实现对事故隐患及不安全因素的动态管理，为及时消除事故隐患（潜在危险因素）提供第一手资料，同时为以后的安全检查奠定基础。安全检查是企业（行业）安全管理的一种既简便又行之有效的方法，而安全检查的记录，是对企业安全工作做出评价的依据，是企业（行业）对安全工作实行现代化管理的基础资料。

四、对安全隐患的整改

1. 发出《安全隐患整改通知书》

安全检查发现了隐患，就要组织整改，及时进行消除。对厂级和车间安全检查时查出的隐患，要逐项进行分析研究，落实整改措施、整改负责人和整改完成的限定日期。企业对重大隐患项目的整改，应实行《安全隐患整改通知书》（表 9-10）的办法。《安全隐患整改通知书》应由安全部门填写，经主管安全的厂长（经理）签署后发出，并存入档案备查。同时应当加强隐患管理的立法、监察，完善制度和资金投入的工作。

表 9-10 安全隐患整改通知书

安全隐患整改通知书（存根联）

××××××

_____   编号：

经检查，你单位存在着×××××× ×××××× ×××××× ×××××× ××××× ×× ×××××××××× ×××××× ×××××× ×× 等问题，请务必于   月   日前予以整改，责成×××××× ×××××× ×××××跟踪整改到位，并将整改情况在
天内反馈给×× ×××××。

特此通知。

检查组负责人（签字）：

被检查单位（签章）：   检查单位（签章）

                                                        年   月   日

安全隐患整改通知书

××××××
————————————————————   编号：

　　经检查，你单位存在着×××××× ×××××××× ××××××× ×××××× ××××
×× ×××××××××××××××× ×××××××× ××等问题，请务必于　月　日
前予以整改，责成××××××××××××××××跟踪整改到位，并将整改情况在
天内反馈给×× ×××××。

　　特此通知。

　　检查组负责人（签字）：

被检查单位（签章）：　　　　　　　　　　　　　检查单位（签章）

　　　　　　　　　　　　　　　　　　　　　　　　　　　年　　月　　日

2. 编写《安全隐患排查报告书》

《安全隐患排查报告书》样式见表 9-11。

表 9-11　安全隐患排查报告书

重大安全隐患名称： 重大安全隐患所在车间： 重大安全隐患所在地点： 重大安全隐患所属部门负责人： 发现时间： 重大安全隐患评估确认部门： 重大安全隐患类别和等级： 影响范围： 影响程度： 整改措施： 整改资金来源及保障措施： 整改目标： 预计整改完成时间： 是否有监控措施： 重大安全隐患整改负责人： 重大安全隐患整治监督人： 说明： 填报车间负责人：	电话： 确认时间： 是否有应急预案： 电话： 填报人：　　　联系电话： 填报日期：　　年　　月　　日

3. 整改后的复查

复查是对安全检查成果的巩固和检验。复查一般要注意两个方面：一是对重点环节的复查；二是对检查中发现问题的整改落实的复查。

整改应实施"三定"、"四不推"制度。对于一些长期危害员工安全健康的重大隐患，整改措施应"件件有交代、条条有着落"。

> 整改的"三定"是指定措施、定时间、定负责人。
>
> 整改的"四不推"是指班组能解决的，不推到工段；工段能解决的，不推到车间；车间能解决的，不推到厂；厂能解决的，不推到上级。

为了督促各部门做好事故隐患整改工作，常用《安全隐患整改通知书》的方式指定被查部门限期整改。各部门对企业主管部门或劳动部门下达的隐患整改通知、监察意见和监察指令，必须严肃对待，认真研究执行，并将执行情况及时上报有关部门。

五、企业安全检查表及范本

1. 安全检查表的概念

安全检查表实际上就是一份实施安全检查和诊断的项目明细表。通常是将整个系统分成若干分系统，对各个分系统中需要查明的问题，根据生产和工作经验、有关规范标准，以及事故情况等进行周密的考虑，把需要检查的项目和要求列在表上，以备在实际检查时，按预定项目进行检查和诊断。

安全检查表的内容一般包括分类的项目、检查内容及要求，以及检查后的处理意见等。

2. 安全检查表的功能

（1）使检查人员能够根据预定目的、要求和检查要点实施检查，避免遗漏、疏忽，以便于发现和查明各种危险和隐患。

（2）针对不同的对象和要求编制相应的安全检查表，可以实现安全检查工作的标准化和规范化。

（3）依据安全检查表检查，是监督各项安全规章制度的实施、制止违章指挥和违章作业的有效方式，也是使安全教育经常化的一种手段。

（4）可以作为安全检查人员履行职责的凭据，并有利于落实安全生产责任制及同其他责任的结合。

3. 企业安全检查表格范本

企业各种安全检查表格参考范本见表9-12～表9-20。

表 9-12　综合安全检查表

检查日期：　　年　　月　　日

项目	分类	检查内容	检查方式	检查结果 √/×
综合安全管理	机构及制度	1. 是否建立安全管理机构或专兼职管理人员	查资料	
		2. 是否按规定建立安全管理制度和岗位安全责任制度	查资料	
		3. 是否建立事故应急措施、救援预案并有演练记录	查资料	
	安全管理	1. 有无按照规定配备专(兼)职安全管理人员，履行职责情况如何	查资料	
		2. 各种安全管理制度、安全技术规程是否齐全，实施情况如何	查现场	
		3. 是否进行安全检查，对检查结果如何处理	查资料、查现场	
		4. 是否开展安全教育培训，效果如何；	查资料、查现场	
		5. 作业现场有无违章作业及违章指挥行为。	查现场	
	安全用品佩戴	1. 各岗位员工严格按照安全用品佩戴标准佩戴	查现场	
		2. 各岗位员工安全用品佩戴率100%	查现场	
		3. 安全用品佩戴的正确佩戴率100%	查现场	
		4. 重点检查安全帽、防护鞋、防护眼镜的佩戴	查现场	

表 9-13　设备安全检查表

检查日期：　　年　　月　　日

项目	分类	检查内容	检查方式	检查结果 √/×
设备管理	设备档案	1. 是否建立设备档案,档案资料是否齐全,保管是否良好	查现场	
		2. 所抽查设备的定期检验报告是否在有效期内，检验报告中所提出的问题是否整改	查现场	
		3. 所抽查的设备是否按规定进行日常维护保养并有记录	查现场	
	人员档案	1. 抽查安全管理人员和作业人员证件是否在有效期内	查现场	
		2. 是否有特种设备作业人员培训记录	查现场	
压力容器	作业人员	在岗作业人员是否按规定具有有效证件	查现场	
	登记及检验标志	是否有使用登记证或检验合格标志,是否在检验有效期内	查现场	

项目	分类	检查内容	检查方式	检查结果 √/×
压力容器	安全附件和保护装置	1. 液位计是否有最高、最低安全液位标记，液位是否显示清楚并能被作业人员正确监视	查现场	
		2. 安全阀是否具有有效的校检报告和铅封标记	查现场	
		3. 压力表是否有有效的检定证书或标记	查现场	
		4. 温度计是否有有效的检定证书或标记	查现场	
		5. 汽车罐车是否装设紧急切断装置	查现场	
		6. 快开门式压力容器是否有快开门联锁保护装置	查现场	
		7. 仪器仪表显示参数是否与液位计、压力表、温度计一致	查现场	
	运行参数	1. 液位、压力、温度是否在允许范围内	查现场	
		2. 是否及时填写运行记录，记录是否与实际符合	查现场	
	本体、阀门状况	1. 是否存在介质泄漏现象	查现场	
		2. 设备的本体是否有肉眼可见的变形	查现场	
起重机械	作业人员	现场司机和指挥人员是否具有有效证件	查现场	
	合格标志	是否有安全检验合格标志，并按规定固定在显著位置，是否在检验有效期内，是否有必要的使用注意事项提示牌	查现场	
	安全装置	1. 是否有制动、缓冲、防风等安全保护装置，以及载荷、力矩、位置、幅度等相关限制器，制动器、限制器是否有效工作	查现场	
		2. 运行警示铃、紧急制动、电源总开关是否有效	查现场	
	维护保养状况	1. 是否有日常维护保养记录	查现场	
		2. 维护记录中是否记载吊钩、钢丝绳、主要受力部件的检查内容	查现场	
气瓶	周期性检验	1. 气瓶是否在检验周期内使用	查现场	
		2. 一般气瓶(氧气、乙炔)每3年检验一次	查现场	
		3. 惰性气体(氮气)每5年检验一次	查现场	
	瓶体外观检查	1. 无机械性损伤及严重腐蚀，最大腐蚀深度不超过0.5mm	查现场	
		2. 表面漆色、字样和色环标记正确、明显	查现场	
		3. 瓶阀、瓶帽及防振圈等安全附件齐全	查现场	
	气瓶的存放	1. 应有可靠的防倾倒装置或措施	查现场	
		2. 空、实瓶应分开放置，保持1.5m以上距离且有明显标记	查现场	
		3. 储存充气气瓶的单位应当有专用仓库存放气瓶。气瓶仓库应当符合《建筑设计防火规范》的要求，气瓶存放数量应符合有关安全规定	查现场	
		4. 立放时妥善固定，卧放时头朝一个方向	查现场	

项目	分类	检查内容	检查方式	检查结果 √/×
气瓶	气瓶的使用	1. 同一作业地点气瓶放置不超过 5 瓶;若超过 5 瓶,但不超过 20 瓶,应有防火防爆措施	查现场	
		2. 瓶内气体不得用尽,应留有 0.1~0.2MPa 余压	查现场	
	使用环境	不得靠近热源,可燃、助燃气瓶与明火距离应大于 10m	查现场	
	气瓶运输	1. 使用专车,夏季应有遮阳措施	查现场	
		2. 应轻装轻卸	查现场	

表 9-14　消防安全检查表

检查日期:　　年　　月　　日

项目	分类	检查内容	检查方式	检查结果 √/×
消防安全	厂区及建筑物	1. 消防通道、紧急疏散通道是否通畅	查现场	
		2. 是否有足够的便于灭火的机动场地	查现场	
		3. 厂区交通道路的信号标志是否完好	查现场	
		4. 厂区交通道路是否有足够的照明	查现场	
		5. 各种照明设施是否完好	查现场	
		6. 阶梯、地面等是否完好	查现场	
		7. 厂区内物料堆放是否符合要求	查现场	
	生产工艺过程	1. 所用原料、成品、半成品是否属于危险化学品,有无防范措施	查现场	
		2. 有无安全操作规程,生产作业是否严格遵守安全操作规程;对可能发生的异常情况有无应急处理措施	查现场	
	消防设施	1. 各种灭火器材的配置种类、数量及完好程度是否符合要求	查现场	
		2. 消防供水系统是否可靠	查现场	
	作业现场	1. 作业现场是否符合防火要求	查现场	
		2. 各种动力设备的防护装置与设施是否完好	查现场	
		3. 有无明显标志的安全出口与紧急疏散通道,并通向安全地点	查现场	
		4. 对各种热源及高温表面是否有效防护	查现场	
		5. 高大建筑、变配电设备、易燃气体、液体储罐区、突出屋顶的排放可燃物放空管等有无避雷设施,是否完好	查现场	
		6. 气瓶的放置是否符合安全要求	查现场	
		7. 有无必要的、明显的安全标志,是否完好	查现场	

项目	分类	检查内容	检查方式	检查结果
				√/×
消防安全	生产装置与设备	1. 各种机械、设备上安全设施是否齐全及灵敏好用	查现场	
		2. 有无火灾爆炸危险的装置与设备,有无抑制火灾蔓延或者减少损失的预防措施	查现场	
		3. 有无电气系统接地、接零及防静电设施,是否完好	查现场	
		4. 动力源及仪器仪表是否正常、完好	查现场	
		5. 高温表面的耐火保护层是否完好	查现场	
		6. 对可能发生的异常情况有无应急处理措施,如安装安全泄压设施等	查现场	

表 9-15 化学品管理安全检查表

检查日期: 年 月 日

项目	分类	检查内容	检查方式	检查结果
				√/×
化学品管理	消防设施	1. 是否配备相应的消防器材,且处于有效状态	查现场	
		2. 消防器材设置是否合理,且方便取用,周围无堆放物品	查现场	
		3. 是否有自动报警装置,如烟、温感应器,火焰和气体浓度探测器	查现场	
		4. 是否配备合理的紧急救护设施,如防护服、防护面具等	查现场	
	火源管理	1. 危化品场所是否设置有明显的防火标志和禁用香蕉水标识	查现场	
		2. 危化品场所(或周围 30m 内)是否无明火施工作业	查现场	
		3. 危化品场所是否无抽烟现象	查现场	
		4. 危化品场所是否无使用明火设备(打火机、手机、电烙铁等)	查现场	
	电气管理	1. 危化品场所的电气设施(照明灯、抽风机等)是否做完全防爆	查现场	
		2. 危化品场所是否无临时搭建线路	查现场	
		3. 是否有通风、降温设施,且运行正常,并有防爆措施	查现场	
		4. 危化品场所是否做防雷、防静电措施	查现场	
	养护管理	1. 危化品包装是否无破损渗漏或严重变形	查现场	
		2. 库房内是否有温度计、湿度计,且通风、降温良好	查现场	
		3. 危化品场所是否有中文的安全标签	查现场	

项目	分类	检查内容	检查方式	检查结果 √/×
化学品管理	养护管理	4. 库区内是否有吃零食、打闹或影响办公等违纪现象	查现场	
		5. 相关人员是否持证上岗，且熟悉应急处理流程	查现场	
		6. 仓库内是否有安全检查记录	查现场	
	储存管理	1. 周围及库区的消防通道是否畅通	查现场	
		2. 危化品储存场所设置是否合理	查现场	
		3. 危化品储存场所是否做好管制	查现场	
		4. 库房内危化品是否无超量储存，且无混存、混放现象	查现场	
		5. 危化品堆放是否不超过四层，特别危险的是否不超过两层	查现场	
		6. 危化品仓库周围是否无危化品废弃物存放	查现场	
		7. 危化品仓库是否有安全管理制度	查现场	
	使用管理	1. 危化品使用现场与其他生产区域是否做有效防火分隔，且现场不得有火种或火源	查现场	
		2. 使用新危化品是否对新溶剂导入进行安全评估	查现场	
		3. 生产现场的危化品存放是否合理，且无超量储存	查现场	
		4. 作业现场操作人员是否佩戴合格的劳保用品	查现场	
		5. 是否滥用易燃易爆危险化学品和强腐蚀化学品清洗地面	查现场	
		6. 是否有危险化学品安全操作规程	查现场	
	运输管理	1. 是否使用专用的运输工具运输危化品，且无混装混运现象	查现场	
		2. 运输时容器是否有严重变形或泄漏现象	查现场	
		3. 运输过程中是否有急转弯、突然加速等不安全行为	查现场	
		4. 是否配备相应的应急处理器材及个人防护用品	查现场	
	废弃物回收	1. 危化品废弃物或空容器存放位置是否合理，并做好密封	查现场	
		2. 危化品废弃物或空容器是否及时清理，且无混装混放现象	查现场	
		3. 危化品废弃物是否存在任意丢弃、倒掉现象	查现场	
		4. 危化品空容器未做彻底清理是否做它用	查现场	

表 9-16　厂房建筑物安全检查表

检查日期：　　年　　月　　日

项目	分类	检查内容	检查方式	检查结果 √/×
厂房建筑物安全检查	安全门、耐火等级检查	1. 厂房建筑物是否符合耐火等级要求	查现场	
		2. 建筑物的安全疏散是否向外开启	查现场	
		3. 甲、乙、丙类厂房的安全疏散门是否不应少于两个(面积小于 60m² 的乙、丙类液体设备的房间可设 1 个)	查现场	
	防雷电	1. 厂房、建筑物避雷设施是否符合防雷要求	查现场	
		2. 防雷装置是否进行定期检验	查现场	
		3. 各厂房内设备放空管是否引出厂房外高出 2m 以上	查现场	
		4. 放空管是否在避雷针保护范围内。	查现场	
	现场检查	1. 各厂房通风是否符合职业卫生防护和防火防爆要求	查现场	
		2. 建筑物、构筑物是否经常进行维护,有无变形、开裂、露筋、下沉和超负荷情况	查现场	
	防护设施	1. 高层厂房、建筑物爬梯、围栏、平台是否牢固可靠,并符合安全要求	查现场	
		2. 防护设施无明显缺陷、无腐蚀等	查现场	
	厂内布置	1. 厂房的照明,应符合《建筑采光设计标准》(GB/T 50033—2013)和《建筑照明设计标准》(GB 50034—2013)的规定	查现场	
		2. 照明电气的选型与作业场所相适应:一般作业场所可选用开启式照明电气,潮湿场所应选用密闭式防水照明电气,有腐蚀性场所应选用耐酸碱型照明电气,易燃物品存放场所不得使用聚光灯、碘钨灯等灯具;有限空间、高温、有导电灰尘、离地不足 2.5m 的固定式照明电源不得大于 36V,潮湿场所和易触及的照明电源不得大于 24V,室外 220V 灯具距离地面不低于 3m,室内不低于 2.5m,普通灯具与易燃物品距离不得小于 300mm,灯头绝缘外壳无破损、无漏电现象	查现场	
		3. 厂内休息室、浴室、更衣室应设在安全区域,各种操作室、值班室不应设在可能泄漏有毒、有害气体的危险区域	查现场	
		4. 安全出入口(疏散门)不应采用侧拉门(库房除外),严禁采用转门。厂房、梯子的出入口和人行道,不宜正对车辆、设备运行频繁的地点,否则应设防护装置或悬挂醒目的警告标志	查现场	

表 9-17　机械设备安全检查表

检查日期：　　年　　月　　日

项目	分类	检查内容	检查方式	检查结果 ✓/✗
机械设备安全检查	设备选用	1. 是否使用国家明令淘汰、禁止使用的设备	查现场	
		2. 生产设备、管道的设计是否根据生产过程的特点和物料的性质选用合适的材料	查现场	
	警示标志	1. 在有较大危险因素的有关设备设施上,是否设置明显的安全警示标志	查现场	
		2. 应使用安全色,生产设备容易发生危险的部位,必须有安全标志	查现场	
	设备标识	每台生产设备都必须有标牌。注明制造厂、制造日期、产品型号、出厂号和安全使用的主要参数等内容	查现场	
	设备操作	1. 生产设备上供人员作业的工作位置,应安全可靠。其工作空间应保证操作人员的头、臂、手、腿、足有充分的活动余地。危险作业点,应留有足够的退避空间	查现场	
		2. 生产设备必须保证操作点和操作区有充足的照明	查现场	
		3. 人员可触及的可动零件、部件,应尽可能封闭,以避免在运转时与其接触	查现场	
	设备维护	1. 各种设备润滑情况是否良好,油位是否在正常范围内,对设备进行经常性维护、保养,并定期检测,保证正常运转。维护、保养、检测应当做好记录,并由有关人员签字	查现场	
		2. 对于在调整、检查、维修时,需要查看危险区域或人体局部需要伸入危险区域的生产设备,必须防止误启动	查现场	
	设备布置	1. 明火设备应集中布置在装置的边缘,应远离可燃气体和易燃、易爆物质的生产设备及储槽,并应布置在这类设备的上风向	查现场	
		2. 对尘毒危害严重的生产装置内的设备和管道,在满足生产工艺要求的条件下,集中布置在半封闭或全封闭建筑物内,并设计合理的通风系统	查现场	
	防爆设备	1. 化工生产装置区应准确划定爆炸和火灾危险环境区域范围,并设计和选用相应的仪表、电气设备	查现场	
		2. 爆炸性气体环境的电力设计,宜将正常运行时发生火花的电气设备,布置在爆炸危险性较小或没有爆炸危险的环境内	查现场	
		3. 爆炸性气体环境设置的防爆电气设备,必须是符合现行国家标准的产品	查现场	

项目	分类	检查内容	检查方式	检查结果 √/×
机械设备安全检查	防爆设备	4. 不宜采用便携式电气设备	查现场	
		5. 根据爆炸区域的分区、电气设备的种类和防爆结构的要求,应选择相应的电气设备	查现场	
		6. 选用的防爆电气设备的级别和组别,不应低于该爆炸性气体环境内爆炸性气体混合物的级别和组别	查现场	
		7. 爆炸性区域内的电气设备,应符合周围环境内化学、机械、温度、霉菌及风沙等不同条件对电气设备的要求	查现场	
		8. 旋转电机、低压变压器、低压开关盒控制器、灯具的防爆结构的选型应符合规范规定	查现场	
	设备接地	1. 在爆炸危险环境内,电气设备的金属外壳应可靠接地	查现场	
		2. 爆炸性气体环境1区内的所有设备,以及爆炸性气体环境2区内除照明灯具以外的其他电气设备,应采用专门的接地线	查现场	
		3. 接地干线应在爆炸危险区域不同方向不少于两处与接地体连接	查现场	
		4. 电气设备的接地装置与防止直接雷击的独立避雷针的接地装置应分开	查现场	

表 9-18　用电情况安全检查表

检查日期：　　年　　月　　日

项目	分类	检查内容	检查方式	检查结果 √/×
用电情况安全检查	电气作业	1. 认真执行《电力安全作业规程》等电业法规;做好系统模拟图、二次线路图、电缆走向图。认真执行工作票、操作票、临时用电票。定期检修、定期试验、定期清理	查资料 查现场	
		2. 落实好检修规程、运行规程、试验规程、安全作业规程、事故处理规程。做好检修记录、运行记录、试验记录、事故记录设备缺陷记录。各项作业都要严格落实安全措施	查资料 查现场	
	变配电间管理	1. 变电所、控制室、配电室等电气专用建筑物,密闭、防火、防爆、防雨是否符合规程要求	查现场	
		2. 各类保护装置的完整性、可靠性检查,包括继电保护装置的校验、整定记录、避雷针、避雷器的保护范围、技术参数、接地装置是否符合规程要求,各种保护接地、接零是否正确可靠,是否合格	查现场	

项目	分类	检查内容	检查方式	检查结果 √/×
用电情况安全检查	变配电间管理	3. 电气安全用具和灭火器材是否配备齐全	查现场	
		4. 配电柜防护是否符合安全要求	查现场	
		5. 配电柜安装是否按标准进行设置和安装	查现场	
	电气设备	1. 电气设备运行中的电压、电流、油压、温度等指标是否正常,有无违反标准现象	查现场	
		2. 电气设备完好情况,包括年度绝缘预防性试验情况;主要设备的绝缘试验报告,缺陷和处理意见档案	查资料 查现场	
		3. 各种电气设备是否完好	查现场	
		4. 充油设备、检查油位正常与否,漏油情况	查现场	
		5. 瓷绝缘部件是否有裂痕、掉渣情况	查现场	
		6. 临时设备、临时线是否有明确的安装要求、使用时间和安全注意事项	查资料 查现场	
		7. 高、低压架空线有无断股,低压架空线是否有裸露现象,塔杆、拉线是否完好,是否过负荷运行	查现场	
	防护用品	1. 值班电工是否按规定穿绝缘鞋值班操作	查现场	
		2. 各值班配电室内是否配备绝缘靴、绝缘手套及其他安全防护用品	查现场	
		3. 绝缘靴、绝缘手套等是否按规定进行定期打压实验	查现场	

表 9-19 6S 管理安全检查表

检查日期: 年 月 日

项目	分类	检查内容	检查方式	检查结果 √/×
6S管理安全检查	地面、通道、墙壁	1. 通道顺畅无物品	查现场	
		2. 通道标识规范,划分清楚	查现场	
		3. 地面无纸屑、产品、油污、积尘	查现场	
		4. 物品摆放不超出定位线	查现场	
		5. 墙壁无手、脚印,无乱涂、乱划及蜘蛛网	查现场	
	作业现场	1. 现场标识规范,区域划分清楚	查现场	
		2. 机器清扫干净,配备工具摆放整齐	查现场	
		3. 物料置放于指定标识区域	查现场	
		4. 及时收集整理现场剩余物料,并放于指定位置	查现场	
		5. 生产过程中物品有明确状态标示	查现场	

项目	分类	检查内容	检查方式	检查结果 √/×
6S管理安全检查	料区	1. 各料区有标识牌	查现场	
		2. 摆放的物料与标识牌一致	查现场	
		3. 物料摆放整齐	查现场	
		4. 合格品与不合格品区分,且有标识	查现场	
	机器、设备配备、工具	1. 常用的配备工具集放于工具箱内	查现场	
		2. 机器设备零件擦拭干净,并按时点检与保养	查现场	
		3. 现场不常用的配备工具应固定存放并标识	查现场	
		4. 机器设备标明保养责任人	查现场	
		5. 机台上无杂物、无锈蚀等	查现场	
	安全与消防设施	1. 消防器材随时保持使用状态,并标识显明	查现场	
		2. 定期检验维护,专人负责管理	查现场	
		3. 灭火器材前方无障碍物	查现场	
		4. 危险场所有警告标示	查现场	
	标识	1. 标签、标识牌与被示物品、区域一致	查现场	
		2. 标识清楚完整、无破损	查现场	
	人员	1. 穿着规定厂服,保持仪容整洁	查现场	
		2. 按规定作业程序、标准作业	查现场	
		3. 谈吐礼貌	查现场	
		4. 工作认真,不闲谈、不怠慢、不打瞌睡,工作认真专心	查现场	
		5. 生产时有戴手套或防护安全工具操作	查现场	
	仓库	1. 仓库有平面标识图及物品存放区域位置标示	查现场	
		2. 存放的物品与区域及标示牌一致	查现场	
		3. 物品摆放整齐、安全	查现场	
		4. 仓库有按原料、半成品、成品、待检品等进行规划	查现场	
	其他	1. 茶杯放置整齐	查现场	
		2. 易燃、有毒物品放置在特定场所,有专人负责管理	查现场	
		3. 清洁工具放于规定位置	查现场	
		4. 屋角、楼梯间、厕所等无杂物	查现场	
		5. 生产车间有"6S"责任区域划分	查现场	
		6. 垃圾摆放整齐、定期清理	查现场	
		7. 磅秤、叉车放于规定位置	查现场	
		8. 雨具放置在规定的位置	查现场	
		9. 协助陪同6S检查员工作	查现场	

表 9-20　生产作业安全检查表

检查日期：　　年　　月　　日

项目	分类	检查内容	检查方式	检查结果
				√ / ×
生产作业安全检查	起重作业	1. 吊具应有专人管理,在其安全系数允许范围内使用。钢丝绳和链条的安全系数和钢丝绳的报废标准,应符合《起重机械安全规程》(GB 6067—2015)的有关规定	查现场	
		2. 吊运物行走的安全路线,不应跨越有人操作的固定岗位或经常有人停留的场所,且不应随意越过主体设备	查现场	
	电气作业	1. 低压电气线路(固定线路)应满足:定期进行电缆线路预防性实验记录;线路的安全距离符合要求;线路导电性能和机械强度符合要求;线路保护装置齐全可靠;线路绝缘、屏护良好,无发热和渗漏油现象;电杆直立、拉线、横担瓷瓶及金属构架等符合安全要求;线路相序、相色正确、标志齐全、清晰;线路排列整齐、无影响线路安全的障碍物	查现场	
		2. 移动电气设备应满足:定期对绝缘电阻进行检测,绝缘电阻应小于 1MΩ;电源线应采用三芯或四芯多股橡胶电缆,无接头,不得跨越通道,绝缘层无破损,长度不得超过 5m;接地线连接可靠,防护罩等完好,无松动,开关可靠、灵敏,与负载匹配	查现场	
		3. 电气设备(特别是手持式电动工具)的金属外壳和电线的金属保护管,应有良好的保护接零(或接地)装置		
	车床作业	1. 金属切削机床应满足:防护罩、盖、栏应完备可靠;防止夹具、卡具松动或脱落的装置完好;各种限位、联锁、操作手柄要求灵敏可靠;机床接地连接规范可靠;机床照明符合要求;机床电器箱、柜与线路符合要求;未加罩旋转部位的楔、销、键,原则上不许突出;备有清除切屑的专用工具	查现场	
		2. 冲、剪、压机械应满足:离合器动作灵敏、可靠,无连冲;制动器工作可靠;紧急停止按钮灵敏、醒目,在规定位置安装有效;传动外露部分的防护装置齐全可靠;脚踏开关应有完备的防护罩且防滑;机床接地可靠,电气控制有效;安全防护装置可靠有效,使用专用工具符合安全要求;剪板机等压料脚应平整,危险部位有可靠的防护	查现场	

项目	分类	检查内容	检查方式	检查结果 √/×
生产作业安全检查	砂轮机作业	砂轮机应满足:安装地点应保证人员和设备的安全;砂轮机的防护罩应符合国家标准;挡屑板应有足够的强度且可调;砂轮无裂纹无破损;托架安装牢固可调;法兰盘与软垫应符合安全要求;砂轮机运行必须平稳可靠,砂轮磨损量不超标,且在有效期内使用;接地连接可靠,控制电气符合规定	查现场	
	安全防护设施	1. 传动部位应按照如下情况,设置防护罩、盖或栏: (1)以操纵人员站立平面为基准,高度在 2m 以下的外露传动部位 (2)旋转的键、销、楔等突出大于 3mm 的部位 (3)产生切屑、磨屑、冷却液等飞溅,可能触及人体或造成设备与环境污染的部位 (4)产生射线或弧光的部位 (5)伸入通道的超长工件 (6)超长设备后端 300mm 以上的工件 (7)容易伤人的设备往复运动部位 (8)悬挂输送装置跨越通道的下部 (9)高于地面 0.7m 的操作平台	查现场	
		2. 专用设备应符合有关法律法规、标准规范要求;防护罩、盖、栏应完整可靠;各联锁、紧停、控制装置灵敏可靠;局部照明应为安全电压;接地等电气连接完好可靠;梯台符合要求	查现场	
		3. 安全设备设施不得随意拆除、挪用或弃置不用;确因检修拆除的,应采取临时安全措施,检修完毕后立即复原	查现场	
	区域安全	1. 严禁架空电线跨越爆炸和火灾危险场所	查现场	
		2. 非经允许,禁止与生产无关人员进入生产操作现场。应划出非岗位操作人员行走的安全路线	查现场	
		3. 行灯电压不应大于 36V,若在金属容器内或潮湿场所,则电压不应大于 12V	查现场	
		4. 设应急照明,正常照明中断时,应急照明应能自动启动	查现场	
		5. 易燃、可燃或有毒介质导管不应直接进入仪表操作室或有人值守、休息的房间,应通过变送器把信号引进仪表操作室	查现场	
		6. 在易燃易爆区不宜动火,设备需要动火检修时,应尽量移到动火区进行	查现场	

项目	分类	检查内容	检查方式	检查结果 √/×
生产作业安全检查	区域安全	7. 在设备设施检修、施工、吊装等作业现场设置警戒区域和警示标志,在检维修现场的坑、井、洼、沟、陡坡等场所设置围栏和警示标志	查现场	
		8. 设备裸露的运转部分,应设有防护罩、防护栏杆或防护挡板	查现场	
		9. 吊装孔应设置防护盖板或栏杆,并应设警示标志	查现场	

参 考 文 献

［1］ 杨剑，胡俊睿．班组长安全管理培训教程．北京：化学工业出版社，2017.
［2］ 杨剑，张艳旗．企业安全管理实用读本．北京：中国纺织出版社，2015.
［3］ 杨剑，张艳旗．优秀班组长安全管理培训．北京：中国纺织出版社，2017.
［4］ 杨剑．优秀班组长工作手册．北京：中国纺织出版社，2012.
［5］ 王生平．优秀班组长安全管理手册．广州：广东经济出版社，2013.
［6］ 黄杰．图解安全管理一本通．北京：中国经济出版社，2011.
［7］ 安维洲等．工厂安全生产管理．北京：中国时代经济出版社，2008.
［8］ 李宗坪等．优秀班组长安全管理手册．北京：中国时代经济出版社，2008.
［9］ 聂兴信．企业安全生产管理指导手册．北京：中国工人出版社，2010.
［10］ 李运华．安全生产事故隐患排查实用手册．北京：化学工业出版社，2012.
［11］ 杨剑．班组长实用管理手册．广州：广东经济出版社，2013.
［12］ 国家安全生产管理总局宣传教育中心．安全生产应急管理人员培训教材．北京：团结出版社，2012.
［13］ 武文．危险作业安全技术与管理．北京：气象出版社，2007.
［14］ 袁昌明等．安全管理．北京：中国计量出版社，2009.
［15］ 付立红．生命安全：员工安全意识培训手册．北京：经济管理出版社，2012.
［16］ 朱亚威．安全生产管理知识．北京：气象出版社，2012.
［17］ 杨吉华．图说工厂安全管理．北京：人民邮电出版社，2014.
［18］ 王延臣．现代班组长安全管理．北京：中国铁道出版社，2015.
［19］ 杨吉华．安全管理简单讲．广州：广东经济出版社，2012.